"三农"培训精品教材

现代农业综合实用技术

● 张世明　葛丽霞　李方向　主编

中国农业科学技术出版社

图书在版编目(CIP)数据

现代农业综合实用技术／张世明，葛丽霞，李方向主编．--北京：中国农业科学技术出版社，2023.7（2025.5 重印）
ISBN 978-7-5116-6330-6

Ⅰ.①现… Ⅱ.①张…②葛…③李… Ⅲ.①农业技术 Ⅳ.①S

中国国家版本馆 CIP 数据核字（2023）第 114643 号

责任编辑　姚　欢
责任校对　王　彦
责任印制　姜义伟　王思文

出 版 者　中国农业科学技术出版社
　　　　　北京市中关村南大街 12 号　　邮编：100081
电　　话　（010）82106631（编辑室）　　（010）82109702（发行部）
　　　　　（010）82109709（读者服务部）
网　　址　https://castp.caas.cn
经 销 者　各地新华书店
印 刷 者　北京中科印刷有限公司
开　　本　140 mm×203 mm　1/32
印　　张　5.5
字　　数　135 千字
版　　次　2023 年 7 月第 1 版　2025 年 5 月第 4 次印刷
定　　价　35.00 元

━━◀　版权所有·翻印必究　▶━━

《现代农业综合实用技术》
编委会

主　编：张世明　　葛丽霞　　李方向

副主编：韩晓虎　　吴胜兵　　王俊荣　　王志平
　　　　刘英杰　　房松林　　申惠明　　何正学
　　　　肖欢欢　　陈玲瑶　　杨敏婕　　侯孝汉
　　　　程　芳　　许晓娟　　师慧叶　　王　力

前　言

我国是一个农业大国，具有悠久的发展历史。随着科学技术的不断发展，我国农业进入了现代化发展的阶段。现代农业是广泛应用现代科学技术、现代工业提供的生产资料和科学管理方法进行的社会农业。越来越多的农业科技人员利用科学技术解决着农业生产过程中的诸多难题，改变着人们的生产方式，将传统农业与现代技术相结合，创造了一个高产高效的农业生产体系。

本书以普及与推广现代农业最新生产技术为目的，结合新型职业农民培训工作的实际需求，由具有丰富教育培训与实践经验的教师及有关农业专家编写而成。本书从粮油作物生产技术、果树生产技术、蔬菜生产技术、畜禽养殖技术4个方面展开介绍，对指导农民发展现代农业生产，提高农民科技文化素质，促进农业和农村经济更快更好地发展，具有较大的推动作用。

本书内容丰富，语言通俗，适宜广大种植养殖专业户以及农业技术推广人员参考阅读。

由于时间仓促，水平有限，书中难免存在不足之处，欢迎广大读者批评指正！

编　者
2023年4月

目 录

第一章 粮油作物生产技术 … 1
- 第一节 小麦生产技术 … 1
- 第二节 水稻生产技术 … 6
- 第三节 玉米生产技术 … 12
- 第四节 谷子生产技术 … 16
- 第五节 大豆生产技术 … 19
- 第六节 花生生产技术 … 28
- 第七节 油菜生产技术 … 31

第二章 果树生产技术 … 42
- 第一节 苹果生产技术 … 42
- 第二节 梨树生产技术 … 49
- 第三节 桃树生产技术 … 53
- 第四节 柑橘生产技术 … 59
- 第五节 葡萄生产技术 … 63

第三章 蔬菜生产技术 … 69
- 第一节 番茄生产技术 … 69
- 第二节 黄瓜生产技术 … 78
- 第三节 茄子生产技术 … 83
- 第四节 西葫芦生产技术 … 87

第五节　辣椒生产技术……………………………… 97

第六节　不结球白菜生产技术……………………… 101

第四章　畜禽养殖技术………………………………… 106

第一节　猪养殖技术………………………………… 106

第二节　牛养殖技术………………………………… 116

第三节　羊养殖技术………………………………… 132

第四节　鸡养殖技术………………………………… 142

第五节　鸭养殖技术………………………………… 150

参考文献………………………………………………… 165

第一章 粮油作物生产技术

第一节 小麦生产技术

按照播种季节的不同,小麦分为春小麦和冬小麦。春小麦是指春季播种,当年夏或秋两季收割的小麦;冬小麦是指秋、冬两季播种,第二年夏季收割的小麦。我国大多种植冬小麦。下面主要围绕冬小麦的生产技术进行介绍。

一、良种选择

以高产、多抗为主导,以优质专用为重点,科学选择主导品种,优化区域布局和品质结构。黄淮海麦区可选用抗寒抗倒能力强、节水耐旱、稳产性好和品质优良的强筋、中强筋和中筋品种,旱地注意选用节水抗旱、稳产高产品种;长江中下游麦区选用耐湿(渍)、抗病(赤霉病为重点,兼顾其他病害)、抗倒、抗寒、抗穗发芽及熟期较早的中强筋、中筋品种,根据市场需求适度种植优质弱筋品种;西南麦区重点推广抗条锈病、耐赤霉病、抗湿抗倒、丰产性好的品种,同时根据加工企业的需求扩大种植酿酒、膨化等专用品种;西北麦区选用丰产性好、品质优、抗旱性突出、抗倒春寒、综合抗病性强的品种。

二、耕作整地

耕作整地的目的是使麦田达到耕层深厚，地表和耕层无土坷垃，土壤松紧适度，地面平整状况好，土壤中水、肥、气、热状况协调，保水、保肥能力强。整地总的原则是以隔年耕翻或深松为基础，旋耕、耙、耱（耢）、压、起垄、开沟、作畦等作业相结合，正确掌握宜耕、宜耙作业时机，减少耕作费用和能源消耗，做到合理耕作，保证作业质量。

（一）深耕（松）整地

土壤深耕或深松使土质变松软，土壤保水、保肥能力增强，是抗旱保墒的重要技术措施。耕翻可掩埋有机肥料、作物秸秆、杂草和病虫有机体，疏松耕层，松散土壤，促进好气性微生物活动和养分释放。连续多年种麦前只旋耕的麦田，在15厘米以下会形成坚实的犁底层，影响根系下扎、降水和灌溉水的下渗，应在旋耕2年后深耕（松）1年，破除犁底层，耕深25厘米以上，耕后及时耙平压实、踏实土壤。对土壤偏湿地区，根据土壤墒情采取简易耕作方式整地备播。

（二）少耕免耕

耕翻虽有多种好处，但每年重复工序复杂，耗费能源较大，在干旱年份还会因土壤失墒较严重而影响小麦产量。且深耕一次，效果可以维持多年，因此不必年年深耕。播种前的土壤耕作可每3年深耕一次，其他年份采用旋耕或浅耕等"少免耕"措施。

（三）耙耢镇压

耙耢可破碎土堡、耙碎土块、疏松表土、平整地面，起到上松下实、减少蒸发、抗旱保墒作用。机耕或旋耕后的麦田表层土壤疏松，如果不先耙耢，不仅会导致播种过深形成深播弱苗，严

第一章 粮油作物生产技术

重影响小麦分蘖的发生，还会造成播种后失墒加快，影响次生根的喷发和下扎，造成冬季黄苗死苗。镇压有压实土壤、压碎土块、平整地面的作用。一般深层土壤水分含量较高较稳定，即使上层土壤干旱，根系也能从深层土壤中吸收到水分，提高麦苗的抗旱能力，促进麦苗整齐健壮。当耕层土壤过于疏松时，镇压可使耕层紧密，提高耕层土壤水分含量，使种子与土壤紧密接触，根系伸长下扎到深层土壤中。

三、适期适量播种

（一）药剂拌种

药剂拌种可以有效延迟和减轻小麦条锈病、纹枯病、茎基腐、黑穗病等病害的发生，同时控制苗期地下害虫为害。各地要根据小麦品种抗病性、发病状况以及气候条件、栽培方式，合理选择药剂。严格拌种用药量，禁止超量用药；拌种后立即播种，现拌现用，当日播完；药剂拌种后出苗率会略有下降，要适当增加拌种后用种量。

（二）适期播种

黄淮海北部和西北麦区适宜播期为 10 月上、中旬，黄淮海南部麦区适宜播期为 10 月中、下旬，长江中下游和西南麦区适宜播期在 10 月中、下旬至 11 月上旬。

（三）适墒播种

若墒情适宜，可直接整地播种；若墒情不足，要提前造墒或播后浇水，确保一播全苗；旱地要趁墒播种。如遇阴雨天气，要及时排出田间积水进行晾墒。

（四）适量播种

适时播种的麦田亩基本苗数量如下：黄淮海北部麦区控制在 15 万~20 万株，黄淮海南部和长江中下游麦区 13 万~18 万株，西南麦区 16 万~20 万株,西北麦区因地因品种调整。晚播麦田应适当增加播量,做到播期播量相结合。

(五)适度深播

坚持"适墒适当浅播、缺墒适当深播"的原则,防止播种过深或露籽。适墒条件下,黄淮海和西北麦区旱地小麦播种可略深,一般 3~5 厘米;长江中下游和西南麦区稻茬小麦播种略浅,一般 2~4 厘米。

(六)匀播

在高质量整地前提下,大力推广精量半精量播种、宽幅条播、多程序复式作业、种肥同播、免耕带旋等高质量机械化播种技术,做到行距一致、播量准确、种子分布均匀,实现一播保苗全、苗匀、苗齐、苗壮。

(七)镇压

小麦播后镇压是抗旱、防冻、提高出苗质量、培育冬前壮苗的重要措施。对秸秆还田未耙实麦田以及播时未镇压麦田,可在播后墒情适宜时及时进行镇压。

四、田间管理

(一)前期管理(出苗—越冬)

1. 化学除草

冬前是麦田化学除草有利时机,可选用炔草酸、精噁唑禾草灵等防除野燕麦、看麦娘等;用甲基二磺隆、甲基二磺隆+甲基碘磺隆防除节节麦、雀麦等;用双氟磺草胺、氯氟吡氧乙酸、唑草酮、苯磺隆、溴苯腈和二甲四氯水剂等防除双子叶杂草。防治宜选择在小麦 3~5 叶期、杂草 2~4 叶期、气温在 10 ℃以上的晴朗无风天气进行。

2. 科学灌水

若冬前降水较少、土壤墒情不足,要浇好分蘖盘根水,促进冬前长大蘖、成壮蘖。对秸秆还田、旋耕播种、土壤悬空不实和缺墒的麦田必须进行冬灌，以踏实土壤，保苗安全越冬。冬灌一般选在日平均气温3℃以上时进行，在封冻前完成，一般每亩浇水量为40米^3，禁止大水漫灌，浇后及时划锄松土，增温保墒。

（二）中期管理（返青—抽穗）

1. 肥水后移

在小麦拔节期，结合灌水追施氮肥。每亩灌溉量以40~50米^{3}为宜。追氮量为总施氮量的40%~50%。但对于早春土壤偏旱且苗情长势偏弱的麦田，灌水施肥可提前至起身期。

2. 防治病虫害

在返青至抽穗期，重点防治小麦纹枯病、条锈病、红蜘蛛。坚持以"预防为主，综合防治"为防治原则，按病虫害发生规律科学防治，对症适时用药。

3. 预防倒伏

小麦起身期是预防倒伏的最后关键时期，对整地粗放、坷垃较多的麦田，开春后要进行镇压，以踏实土壤，促根生长；对长势偏旺的麦田，可在起身初期喷洒化控剂，另外，可采用深中耕断根，控制麦苗过快生长。

4. 预防冻害

及时浇好拔节水，促穗大粒多，增强抗寒能力，特别是要密切关注天气变化，在降温之前及时灌水，防御冻害。低温过后，及时检查幼穗受冻情况，一旦发生冻害，要落实追肥浇水等补救措施。

（三）后期管理（抽穗—成熟）

1. 合理灌溉

干旱年份或缺墒地块在抽穗前后灌溉，保证小麦穗大粒多，每亩灌溉以30~40米^{3}为宜，一般不提倡浇灌浆水，严禁浇麦黄水。

2. 病虫害防治

在小麦抽穗至扬花期应对赤霉病进行重点防治。小麦齐穗期进行首次防治，若天气预报有3天以上连续阴雨天气，应间隔5天再喷施一次。若喷药后24小时内遇雨，应及时补喷。同时灌浆期应注意防治白粉病、叶锈病、叶枯病、黑胚病及蚜虫等，成熟期前20天内停止使用农药。

3. 叶面喷肥

灌浆期结合病虫害防治，每亩用尿素1千克和0.2千克磷酸二氢钾兑水50千克进行叶面喷施，促进氮素积累与籽粒灌浆。

五、及时收获

保证小麦品种的产量和品质，提前做好收、晒的机械与场所准备工作。抽齐穗后10~20天进行田间去杂，拔除杂草和异作物、异品种植株。机械化收获时按同一品种连续作业，防止机械混杂。收获后按单品种晾晒和贮藏。

第二节 水稻生产技术

水稻是我国三大粮食作物之一。经过几千年的实践，我国水稻生产技术不断进步。从栽培方式而言，经历了由直播到育苗移栽的转变。下面介绍当前应用最为广泛的水稻机械生产技术。

一、良种选择

根据当地生态条件、种植制度、种植季节、生产模式等选择生育期适宜、优质、高产、稳产、发芽率和分蘖力较强的适于机插的水稻品种，要根据前后作物茬口选择确保能安全抽穗的水稻品种。

二、育秧

(一) 育秧模式

各稻区根据生产状况选择适宜的机插育秧模式和规模，尽可能集中育秧。豫南稻区有条件的地区应采用工厂化育秧或大棚旱育秧，也可以采用稻田旱育秧或田间泥浆育秧。春稻需要保温育秧。

(二) 苗床准备

选择排灌、运秧方便，便于管理的田块做秧田或大棚苗床。按照秧田与大田1：(80~120)的比例备足秧田。选用适宜本地区及栽插季节的水稻育秧基质或床土育秧，育秧基质和旱育秧床土要求调酸、培肥和消毒，育秧床土可适当提高pH值至5.5~7.0。有条件的地区提倡育秧基质育秧。

(三) 机械化精量播种

水稻种子发芽率要求达90%以上，播种前做好晒种、脱芒、选种、药剂浸种和催芽等处理工作。根据水稻机插时间确定适期播种，提倡用浸种催芽机集中浸种催芽，根据机械设备和种子发芽要求设置好温度等各项指标，催芽做到"快、齐、匀、壮"。

采用机械化精量播种可选用育秧播种流水线或轨道式精量播种机械；泥浆育秧采用田间精密播种器播种。有条件的地区提倡流水线播种，直接完成装土、洒水（包括消毒、施肥）、精密播种、覆盖表土。根据插秧机栽插行距选择相应规格秧盘。提倡使用钵形毯状秧盘，实现钵苗机插。秧盘播种洒水须达到秧盘的底土湿润，且表面无积水、盘底无滴水、播种覆土后能湿透床土。播前做好机械调试，确定适宜种子播种量、底土量和覆土量，秧盘底土厚度一般2.2~2.5厘米，覆土厚度0.3~0.6厘米，要求覆土均匀、不露籽。

(四) 秧苗管理

根据育秧方式做好苗期管理。春稻播种后即覆膜保温育秧,并保持秧板湿润。根据气温变化掌握揭膜通风时间和揭膜程度,适时(一般2叶1心开始)揭膜炼壮苗,膜内温度保持在15~35℃,防止烂秧和烧苗。加强苗期病虫害防治,尤其是立枯病和恶苗病的防治。单季稻或连作晚稻播种后,搭建拱棚,覆盖遮阳网或无纺布遮阳,还可防暴雨和鸟害。出苗后及时揭遮阳网或无纺布,秧苗见绿后根据机插秧龄和品种喷施生长调节剂控制生长,每公顷一般用300毫升/升多效唑溶液兑水450千克均匀喷施。移栽前3~4天,天晴灌半沟水蹲苗,或放水炼苗。移栽前对秧苗喷施一次对口农药,做到带药栽插,以便有效控制大田活棵返青期的病虫害。

三、水田机械化整地

水田旋耕可一次性完成水田机翻、机耙,降低机械作业成本,减少作业环节,省工、省时、省油,而且节省泡田用水,可节水30%~50%。其旋耕作业碎土能力强,地表平整。稻茬覆盖严密,工效高,油耗低,一次旋耕能达到一般犁耕和耙地作业几次的碎土效果,耕层透气、透水性好,有利于根系发育。其技术要求:一是水田旋耕,一般在当地插秧前20天左右进行,待水灌田后,加以平整即可插秧;二是耕作时,尾轮内管伸出处管的长度不能超过100毫米,同时操作时应站立手扶扶手架,使犁刀离地过田埂或过沟,以免内管弯曲;三是操作时,勿使杂草在旋耕刀上缠绕过多,否则将消耗拖拉机的功率和增加零件的磨损;四是清除杂草时需关小油门,将离合手柄放在"离"的位置上,将变速手柄和旋耕刀操作手柄放在空挡的位置,然后清除杂草。

四、机械化插秧

（一）秧苗准备

根据机插时间和进度安排起秧时间，要求随运随栽。秧盘起秧时，先拉断穿过盘底渗水孔的少量根系，连盘带秧一并提起，再平放，然后小心卷苗脱盘，提倡采用秧苗托盘及运秧架运秧。秧苗运至田头时应随即卸下平放，使秧苗自然舒展。做到随起随运随插，尽量减少秧块搬动次数，避免运送过程中挤压秧苗或折断秧苗。运到田间的待插秧苗，严防烈日晒伤，应采取遮阳措施防止秧苗失水枯萎。

（二）机械准备

插秧前应先检查调试插秧机，调整插秧机的栽插株距、取秧量、深度，转动部件要加注润滑油，并进行 5~10 分钟的空运转，要求插秧机各运行部件转动灵活，无碰撞卡滞现象，以确保插秧机能够正常工作。装秧苗前须将秧箱移动到导轨的一端，再装秧苗，避免漏插。秧块要紧贴秧箱，不拱起，两秧块接头处要对齐，不留间隙，必要时秧块与秧箱间要洒水使秧箱面板润滑，便于秧块下滑顺畅。

（三）机插要求

根据水稻品种、栽插季节、秧盘类型选择适宜的插秧机，有条件的地区提倡采用高速插秧机作业，提高工效和栽插质量。机插要求插苗均匀，深浅一致，一般漏插率≤5%、伤秧率≤4%、漂秧率≤3%，插秧深度在 1~2 厘米，以浅栽为宜，以提高低节位分蘖。

根据水稻品种、栽插季节、插秧机选择适宜种植密度。常规稻株距 12~16 厘米，每穴 3~5 株，种植密度 25.5 万~33.0 万穴/公顷。杂交稻株距 14~17 厘米，每穴 2~3 株，种植密度 24

万~30万穴/公顷。

五、田间管理

(一) 合理施肥

根据水稻目标产量及稻田土壤肥力，结合配方施肥要求，合理制定施肥量，培育高产群体。提倡增施有机肥，配合氮、磷、钾肥。各稻区施肥量根据本地区土壤肥力状况、目标产量和品种类型确定。一般有机肥和磷肥用作基肥，在整地前可采用机械撒肥机等施肥机具施入，经耕（旋）耙施入土中。钾肥按基肥和穗肥各50%施用；氮肥按基肥50%、分蘖肥30%、穗肥20%的比例分期施用。

(二) 水分管理

灌溉采用浅、湿、干模式。机插后活棵返青期一般保持1~3厘米浅水，秸秆还田田块在栽后两个叶龄期内应有2~3次露田，以利于释放还田秸秆在腐解过程中产生的有害气体，之后结合施分蘖肥建立2~3厘米浅水层。全田茎蘖数达到预期穗数80%左右时，采用稻田开沟机开沟，及时排水搁田。通过多次轻搁，使土壤沉实不陷脚，叶片挺起，叶色显黄。拔节后浅水层间歇灌溉，促进根系生长，控制基部节间长度和株高，使株型挺拔、抗倒，改善受光姿态。开花结实期采用浅湿灌溉，保持植株较多的活根数及绿叶数，提高结实率与粒重。

(三) 草害防治

在机插前7天内结合整地，施除草剂一次性封闭灭草，施药后保水3~4天。机插后7天内根据杂草种类结合施肥施除草剂，施药时水层3~5厘米，保水3~4天。有条件的地区在机插后14天内采用机械中耕除草，除草时要求保持水层3~5厘米。

(四) 病虫害防治

根据病虫测报，对症下药，控制病虫害，辅以大型喷杆式植保机械。

六、机械化收获

水稻联合收获标准化技术是使用联合收获机一次完成水稻的收割、脱粒、茎秆分离、谷粒清选、谷粒装袋或随车卸粮等工序的技术。其技术标准：水稻谷粒90%变成金黄色，穗枝也变为黄色时，就进入收获时期，应在约10天内完成机械收获。有水或雨后作物潮湿时，不宜立即收割。收割前先空载运转收割机各工作机件，然后小油门平稳起步，当割刀即将接触作物时要加大油门，收割机应按播插方向尽量走直，满幅工作，不能满幅工作时，要使作物紧靠输出口一边，不要左右摇摆，也不要取中而漏两边。收获时要求收割干净、脱粒干净、不漏割。全喂入式水稻联合收获机损失率>3.5%，破碎率>2.0%；半喂入式水稻联合收获机损失率>2.5%，破碎率>0.5%。割茬高度要符合当地农艺要求，一般要求在5~20厘米范围内选择。当收割倒伏角度>45°的水稻时，要采取单向顺倒伏或垂直倒伏方向的收割方法。作业过程中要按时检查、按时保养、注意安全并及时清理缠草和泥土等。联合收割茎秆应收集成堆或切成一定长度均匀撒在田中。收获作业完毕后，要将机组清洗干净，特别是滚筒、清选、输出部分的杂草、谷壳、谷粒、尘土等要清理干净，并卸下所有皮带，涂上防锈油或油漆，停放在干燥通风处保管。

稻谷收获后应及时用谷物烘干机烘干或晾晒至标准含水率，籼稻13.5%、粳稻14.5%，谷物烘干机根据生产规模配置。

第三节 玉米生产技术

一、良种选择

各地应综合考量地力、光温、耕作、管理、机械等因素，选择国家或本省审定的"四抗四耐（抗倒伏、抗干旱、抗病虫、抗早衰、耐涝渍、耐贫瘠、耐高温、耐密植）"高产优质品种。用种应选择纯度高、发芽率高、活力强、适宜单粒精播的种子，纯度≥98%，种子发芽率≥95%，净度≥98%，含水率≤14%，确保精播后苗全、苗匀、苗齐、苗壮。

二、播种与密植

（一）包衣拌种

正确的药剂处理可有效防治多种病虫害。使用含有噻虫嗪、吡虫啉、溴氰虫酰胺等成分的种衣剂进行种子包衣或拌种，可有效防治地老虎、蝼蛄等地下害虫及蓟马、蚜虫、灰飞虱等苗期害虫；使用含有咯菌腈·精甲霜、苯醚甲环唑、吡唑醚菌酯或戊唑醇等成分的种子处理制剂可防治根腐病、茎基腐病和丝黑穗病等。

（二）适期播种

根据本地气候条件、土壤墒情、品种特性、栽培方式、收获产品、前后茬口等确定最佳播期，在土壤表层5~10厘米地温稳定超过10℃时开始播种。根据趋利避害原则，提倡春提早夏推迟。

（三）合理密植

选择适宜的机械是保证播种质量的关键。玉米播种应选择多功能、高精度、种肥同播的单粒精播机械。小麦玉米轮作地区应采用带秸秆切碎和抛撒功能的联合收割机,要求小麦留茬≤20厘米,秸秆切碎长度≤10厘米,切断长度合格率≥95%,抛撒不均匀率≤20%,漏切率≤1.5%;小麦机收后不要抢早播种,根据土壤墒情进行玉米机械单粒精播,实施玉米机械精播和化肥深施"一条龙"作业;小麦秸秆粉碎质量较差的地区,可选苗带清茬(或灭茬)玉米精量播种机。土层板结或带肥量大的地区,可选深松多层施肥玉米精量播种机。要注意选择具备仿形功能的播种机械,保证播深一致,出苗整齐。

等行距播种时行距以60厘米为宜,宽窄行播种时,宽行80厘米,窄行40厘米;播深3~5厘米,做到播深、行距、覆土、镇压一致。普通玉米(饲用和青贮玉米)播种密度应比预定收获密度增加10%左右,耐密型玉米一般大田播种4 500粒/亩左右,示范田5 000粒/亩左右,高产攻关田5 200~5 500粒/亩;大穗型品种4 000粒/亩左右,高产攻关田5 000粒/亩左右。鲜食玉米根据品种特性3 500~4 500粒/亩,糯玉米建议机械化播种,甜糯玉米和甜玉米建议育苗移栽。

三、肥水管理

科学的肥水运筹可以协调个体与群体、营养生长与生殖生长之间的矛盾,保障个体健壮、群体合理、粒多粒重、发挥高产潜力,还可以提高水肥利用效率。要注意氮磷钾肥平衡施用。玉米全生育期需亩均施纯N 15~20千克、P_2O_5 6~8千克、K_2O 6~8千克,可每亩配施1.0~1.5千克硫酸锌等微肥。

(一)合理施肥

肥料推荐施用专用缓控释肥,施肥带要离种子带8~10厘米侧深施,防止烧种和烧苗。适期适墒播种,以利于早出苗、出全苗、保齐苗、成壮苗。常规施肥方式（基施复合肥＋追施尿素）在小喇叭口期要追施尿素，确保植株养分需求；缓控释肥地块不需追施尿素。如果后期出现脱肥现象，可用无人机喷施叶面肥，确保养分供应，延长叶片功能期，增加物质积累。

（二）水分管理

玉米的需水特性是苗期怕涝、后期怕旱。我国大部分地区降水丰沛但季节间分配不均，不同田块均要开好田间沟系，防止芽涝造成僵苗不发。大喇叭口到抽雄期是玉米需水临界期，如遇旱应及时灌溉，尤其要防止"卡脖旱"造成雌雄穗发育不同步。

四、病虫草害防治

要坚持"因地制宜、分区施策"，大力推进专业化统防统治与绿色防控技术融合。

（一）苗期草害防治

播种后出苗前，旋耕田块如土壤墒情较好可选用乙草胺、异丙甲草胺、乙·莠等进行封闭防除一年生杂草。免耕田块与未进行土壤封闭除草或封闭除草失败的田块，可在玉米3~5叶期，杂草2~4叶期用烟嘧磺隆、苯唑·莠去津等进行苗后茎叶喷雾除草。为避免药害产生，鲜食玉米应避免使用烟嘧磺隆进行苗后除草，同时注意喷洒均匀，不重喷、不漏喷，确保除草质量并注意用药安全。

（二）虫害防治

可结合包衣拌种进行苗期地下害虫防治。夏播免耕地块采用甲维盐、菊酯类、阿维菌素等农药防治二点委夜蛾。草地贪夜蛾和玉米螟要根据发生发展规律，结合植保部门的预测和预报，强化统防统治和联防联控，及时控制害虫扩散为害。对虫口密度高、集中连片发生区域，抓住幼虫低龄期实施统防统治和联防联控；对分散发生区实施重点挑治和点杀点治。

推广应用乙基多杀菌素、茚虫威、甲维盐、虱螨脲、虫螨腈、氯虫苯甲酰胺等，注重农药的交替使用、轮换使用、安全使用，延缓抗药性产生，提高防控效果。鲜食玉米害虫防治尽量选用生物防治和物理防治。

（三）病害防治

选用代森铵、吡唑醚菌酯、肟菌·戊唑醇等杀菌剂喷施防治叶斑类病害，选用粉锈灵、百菌清、多菌灵、代森锌等防治南方锈病，选用代森锰锌、多菌灵、三唑酮、苯菌灵等防治茎腐病、纹枯病、穗腐病等其他病害，根据田间实际发生情况进行防治。

尽量选用具有广谱性效果作用的药剂，也可与杀虫剂进行科学组配，一次性喷药可防治中后期多种病虫害，减少后期虫基数，减轻病害流行程度，保护植株正常生长，提高叶片的光合效能，实现玉米增产增效。

五、防灾减灾

加强灾害天气监测预警，积极采取物理、化学等方法，进行气象人工干预，减少灾害损失。

（一）严防干旱和涝渍灾害

玉米关键生育时期如遭遇严重干旱，应千方百计调度水源，及时进行灌溉。提前疏通沟渠，提高排涝能力，如遭遇涝渍应及时排水。

（二）防范高温热害和阴雨寡照

通过种植耐热品种和叶面喷施微肥等措施，防御高温热害。开花期遇到高温热害或阴雨寡照，严重影响授粉质量，可采取人工辅助授粉等补救措施，提高结实率，防止花粒，增加穗粒数。有条件的地方可用小型无人机低飞辅助散粉，提高效率。

（三）实施化控促壮抗逆

玉米生育前期，水肥充足或群体过大，容易造成植株旺长，存在倒伏风险，可在玉米 7~11 叶片展开期喷施化控剂，适度控制株高，增强抗逆抗倒伏能力，改善群体结构。使用化控剂要注意喷施浓度，以免影响施用效果。密度合理、生长正常的田块，低肥力的中低产田、缺苗补种地块不宜化控。

六、机械收获

饲用玉米推行适期晚收，充分利用光热资源，延长玉米灌浆时间，降低机收损失率。各地应在不耽误后茬作物播种的情况下，在玉米籽粒乳线消失、黑层出现、籽粒含水率降至 25% 以下时进行机收籽粒，收获后应及时进行晾晒或烘干，防止霉变。青贮玉米在籽粒乳线达 1/3~1/2，植株含水率降至 70% 以下时收获。鲜食玉米在乳熟期苞叶开始颜色变淡、花丝颜色变褐时适时收获，甜玉米的籽粒含水率一般为 70%~75%，糯玉米的籽粒含水率一般为 60%~75%，严禁过早或过迟收获。

第四节　谷子生产技术

一、良种选择

要根据市场需求，兼顾规模化、机械化生产要求，选择适宜当地种植的品种。一般选择在当地试验示范中表现好的优质、抗倒、耐旱、抗病高产良种，以及兼具抗除草剂、株高适宜、谷码松紧适中等特性的品种。由于谷子是光温反应敏感作物，需避免不同产区之间盲目引种。确需跨区引种，要进行品种适应性试验鉴定。

二、精细整地

注意轮作倒茬，选地时以麦、豆前茬为好。播种前要精细整地，通过旋耕、耙糖、镇压等措施，做到播种地块上虚下实。对于秋、冬季雨雪少干旱严重的地区，可待降水后整地，趁墒播种，有条件的地区可以结合整地灌底墒水，确保苗全苗壮。对于秋、冬季雨雪较多的地区，春季土壤墒情较好时，可免耕保墒播种。夏播谷子产区，应尽量低留前茬，前茬较高时可采用灭茬机进行2遍以上灭茬，然后整地待种。

三、科学施肥

谷子施肥基本原则是以底肥为主、追肥为辅，重施底肥，尽量少追肥。底肥一般以农家肥或有机肥为主，也可用磷酸二铵等复合型化肥代替。东北和西北产区，一般亩施农家肥2 000~3 000千克、纯氮8~10千克、五氧化二磷8千克左右。地膜覆盖地块应施足底肥，有条件地区可亩增施3 000千克农家肥或300~500千克生物有机肥，最好亩底施40~50千克缓释配方肥或50~60千克氮磷钾复合肥。华北夏谷区，谷子生育期短、生长发育快，一般亩施纯氮8~10千克、五氧化二磷8千克左右，可用播种施肥一体机在播种时直接施足底肥。

四、适期播种

谷子播期要根据品种、地温和土壤墒情等确定。东北和西北无霜期短的冷凉区，一般4月20日左右开始播种；气候比较温暖的地区，5月上、中旬播种，最迟不能晚于5月底。夏播区适宜播期为6月初至6月底，夏谷播种不宜太早，以避免病毒病为害加重。土壤墒情好的地块，可适时播种；土壤墒情差的地块，可抢墒播种。播种前应进行晒种或用药剂拌种。东北春播区，一般采用条播机露地平播或配套覆膜播种一体机地膜覆盖播种，等行距种植行距 50 厘米左右，宽窄行种植宽行行距 60 厘米、窄行行距 40 厘米。西北冷凉春播区和干旱区，一般选择微垄膜侧沟播或者全膜覆盖种植，采用配套覆膜播种一体机播种，并可结合滴灌、喷灌等节水栽培技术。雨量、热量较好的夏播地区，可选用条播施肥一体机直接贴茬免耕播种，宜将行距加大至 50 厘米左右，以利于中耕机械操作。

五、合理密植

根据品种特点、水肥条件、播种方式等确定种植密度，通过控制适宜播量和间苗管理，确保合理密植。采用精量播种，一般亩播量 0.20~0.35 千克，播后不需要间苗。无法精量播种的，一般亩播量 0.50~0.75 千克，播后采用人工间苗或化学间苗达到合理群体。东北春谷区，亩基本苗 2.5 万~4.0 万株；西北春谷区，亩基本苗 2.5 万~3.5 万株；华北夏谷区，亩基本苗 4 万~5 万株。旱薄地密度宜小，高水肥地密度宜大，特殊需要稀植的品种，要按照品种说明确定密度。杂交谷子适宜亩留苗密度在 1.2 万~1.5 万株。

六、加强管理

（一）除草间苗

抗除草剂品种在出苗后 6~15 天采用配套除草剂间苗和除草。可选用单嘧磺隆或其他适宜药剂于播种后出苗前喷施封地。膜侧栽培较露地栽培减半使用除草剂，全膜覆盖不用或少用除草剂，除草剂使用按照说明书或在技术人员指导下进行。

（二）水肥调控

雨水丰沛年份，生育期间一般不用浇水，遇到大雨要注意及

第一章 粮油作物生产技术

时排水。降雨较少时,有水浇条件的可在孕穗期、开花灌浆期浇水 1~2 次。施肥以底肥为主,因地制宜适当追肥。露地栽培的可在谷子封垄前结合中耕培土追施尿素 15 千克左右,开花灌浆期可叶面喷施钾肥。

(三)病虫害防治

采用抗病虫害品种和轮作倒茬等农业措施,实施药剂拌种或种子包衣,降低病虫害发生。在病虫害发生后,选用低毒高效农药进行防控,建议选用真菌类、病毒类和细菌类微生物杀虫剂,推广应用植物源农药和植物生长调节剂等。

七、适期收获

当 95% 谷粒变硬时及时收获,可选用联合收割机收获或采取分段机械收割脱粒。一般平原区可采用切流式联合收获机收获,丘陵山区地块可采用分段收获,先割倒晾晒再脱粒。收获后的谷子应及时晾晒或烘干,含水率降至 13% 以下时贮藏保存。

第五节 大豆生产技术

大豆俗称黄豆,是我国重要的粮油兼用作物。大豆按其播种季节的不同,可分为春大豆、夏大豆、秋大豆和冬大豆 4 类,以春大豆占多数。随着人们生活质量的不断提高,对大豆的需求越来越大。为此,在注重选育大豆新品种的同时,应积极推广大豆机械化生产技术。

一、品种选择及其处理

(一)品种选择

按当地生态类型及市场需求,因地制宜地选择通过审定的耐密、秆强、抗倒、丰产性突出的主导品种,品种熟期要严格按照品种区域布局规划要求选择,杜绝跨区种植。

(二) 种子精选

应用清选机精选种子,要求纯度≥99%、净度≥98%、发芽率≥95%、含水率≤13.5%、粒型均匀一致。

(三) 种子处理

应用包衣机将精选后的种子和种衣剂拌种包衣。在低温干旱情况下,可用大豆种衣剂按药种比1∶(75~100) 防治病虫害。防治大豆根腐病可用种子量0.5%的10%噻唑膦颗粒剂或种子量0.3%的50%多菌灵悬浮剂拌种。虫害严重的地块要选用既含杀菌剂又含杀虫剂的包衣种子。

二、轮作与整地

(一) 轮作

尽可能实行合理的轮作制度,做到不重茬、不迎茬。实施"玉米-玉米-大豆"和"麦-杂-豆"等轮作方式。

(二) 整地

大豆是深根系作物,并有根瘤菌共生。要求耕层有机质丰富,活土层深厚,土壤容重较低及保水保肥性能良好。适宜作业的土壤含水率为15%~25%。

1. 保护性耕作

实行保护性耕作的地块,如田间秸秆(经联合收割机粉碎)覆盖状况或地表平整度影响免耕播种作业质量,应进行秸秆匀撒处理或地表平整,保证播种质量。可应用联合整地机、齿杆式深松机或全方位深松机等进行深松整地作业。提倡以间隔深松为特征的深松耕法,构造"虚实并存"的耕层结构。间隔3~4年深松整地1次,以打破犁底层为目的,深度一般为35~40厘米，稳定性≥80%，土壤膨松度≥40%，深松后应及时合墒，必要时镇压。对于田间水分较大、不宜实行保护性耕作的地区，需进行耕翻整地。

2. 东北地区

对上茬作物（玉米、高粱等）根茬较硬，没有实行保护性耕作的地区，提倡采取以深松为主的松旋翻耙，深浅交替整地方法。可采用螺旋型犁、熟地型犁、复式犁、心土混层犁、联合整地机、齿杆式深松机或全方位深松机等进行整地作业。

（1）深松。间隔3~4年深松整地1次，深松后应及时合墒，必要时镇压。

（2）整地。平播大豆尽量进行秋整地，深度20~25厘米，翻耙耢结合，无大土块和暗坷垃，达到播种状态；无法进行秋整地而进行春整地时，应在土壤"返浆"前进行，深度15厘米为宜，做到翻、耙、耢、压连续作业，达到平播密植或带状栽培要求状态。

（3）垄作。整地与起垄应连续作业，垄向要直，100米垄长直线度误差不大于2.5厘米（带GPS作业）或100米垄长直线度误差不大于5厘米（无GPS作业）；垄体宽度按农艺要求形成标准垄形，垄距误差不超过2厘米；起垄工作幅误差不超过5厘米，垄体一致，深度均匀，各铧入土深度误差不超过2厘米；垄高一致，垄体压实后，垄高不小于16厘米（大垄高不小于20厘米），各垄高度误差应不超过2厘米；垄形整齐，不起垄块，无凹心垄，原垄深松起垄时应包严残茬和肥料；地头整齐，垄到地边，地头误差小于10厘米。

3. 黄淮海地区

前茬一般为冬小麦，具备较好的整地基础。没有实行保护性耕作的地区，一般先撒施底肥，随即用圆盘耙灭茬2~3遍，耙深15~20厘米，然后用轻型钉齿耙浅耙一遍，耙细耙平，保障播种质量；实行保护性耕作的地区，也可不用整地，待墒情适宜时直接播种。

三、精量播种

（一）适期播种

东北地区要抓住地温早春回升的有利时机，耕层地温稳定通过5℃时，利用早春"返浆水"抢墒播种。黄淮海地区要抓住麦收后土壤墒情较好的有利时机，抢墒早播。

在播种适期内，要根据品种类型、土壤墒情等条件确定具体播期。中晚熟品种应适当早播，以便保证霜前成熟；早熟品种应适当晚播，使其发棵壮苗；土壤墒情较差的地块，应当抢墒早播，播后及时镇压；土壤墒情好的地块，应根据大豆栽培的地理位置、气候条件、栽培制度及大豆生态类型具体分析，选定最佳播期。

（二）播种密度

播种密度依据品种、水肥条件、气候因素和种植方式等来确定。植株高大、分枝多的品种，适于低密度；植株矮小、分枝少的品种，适于较高密度。同一品种，水肥条件较好时，密度宜低些；反之，密度高些。东北地区，一般小垄保苗在2万株/亩为宜；大垄密和平作保苗在2.3万~2.4万株/亩为宜。黄淮海地区麦茬地窄行密植平作保苗在2.0万~2.3万株/亩为宜。

（三）播种质量

播种质量是实现大豆一次播种保全苗、高产、稳产、节本、增效的关键和前提。建议采用机械化精量播种技术，一次完成施肥、播种、覆土、镇压等作业环节。

参照《中耕作物单粒（精密）播种机作业质量》（NY/T

503—2002），以覆土镇压后计算，黑土区播种深度3～5厘米、白浆土及盐碱土区播种深度3～4厘米，风沙土区播种深度5～6厘米，确保种子播在湿土上。播种深度合格率、株距合格指数、重播指数、漏播指数、变异系数、机械破损率、各行施肥量偏差、行距一致性合格率、邻接行距合格率等指标均按行业标准中的规定进行测定。实行保护性耕作的地块，播种时应避免播种带土壤与秸秆根茬混杂，确保种子与土壤接触良好。调整播量时，应考虑药剂拌种使种子质量增加等因素。

播种机在播种时，结合播种施种肥于种侧3～5厘米、种下5～8厘米处。施肥深度合格指数、种肥间距合格指数等指标均按行业标准中的规定进行测定，地头无漏肥、堆肥现象，切忌种肥同位。

随播种施肥随镇压，做到覆土严密，镇压适度（3～5千克/厘米²），无漏无重，抗旱保墒。

（四）播种机具选用

根据当地农机装备市场实际情况和农艺技术要求，选用带有施肥、精量播种、覆土镇压等装置和种肥检测系统的多功能精少量播种机具，一次性完成播种、施肥、镇压等复式作业。夏播大豆可采用全秸秆覆盖少免耕精量播种机，少免耕播种机应具有较强的秸秆根茬防堵和种床整备功能，机具以不发生轻微堵塞为合格。一般施肥装置的排肥能力应达到90千克/亩以上，夏播大豆装置的排肥能力达到60千克/亩以上即可。提倡选用具有种床整备防堵、侧深施肥、精量播种、覆土镇压、喷施封闭除草剂、秸秆均匀覆盖和种肥检测功能的多功能精少量播种机具。

四、田间管理

（一）施肥

残茬全部还田，基肥、种肥和微肥接力施肥，防止大豆后期脱肥、种肥增氮、保磷、补钾三要素合理配比；夏大豆根据具体情况，种肥和微肥接力施肥。提倡测土配方施肥和机械深施。

1. 底肥

生产 AA 级绿色大豆地块，施用绿色有机专用肥；生产 A 级优质大豆，施用优质农家肥 1 500~2 000 千克/亩，结合整地一次施入；一般大豆需施尿素 4 千克/亩、磷酸二铵 7 千克/亩、钾肥 7 千克/亩左右，结合耕整地，采用整地机具深施于 12~14 厘米处。

2. 种肥

根据土壤有机质、速效养分含量、施肥实验测定结果、肥料供应水平、品种和前茬情况及栽培模式，确定各地区具体施肥量。在没有进行测土配方平衡施肥的地块，一般氮、磷、钾纯养分按 1∶1.5∶1.2 比例配用，每亩施用商品量种肥尿素 3 千克、磷酸二铵 4.5 千克、钾肥 4.5 千克。

3. 追肥

根据大豆需肥规律和长势情况，动态调剂肥料比例，追施适量营养元素。当氮、磷肥充足条件下应注意增加钾肥的用量。在花期喷施叶面肥。一般喷施两次，第 1 次在大豆初花期，第 2 次在结荚初期，可用尿素加磷酸二氢钾喷施，一般每公顷用尿素 7.5~15 千克加磷酸二氢钾 2.5~4.5 千克，兑水 750 千克。中小面积地块尽量选用喷雾质量和防漂移性能好的喷雾机（器），使大豆叶片上下都有肥；大面积作业，推荐采用飞机航化作业方式。

（二）中耕除草

1. 中耕培土

垄作春大豆产区，一般中耕 3~4 次。在第 1 片复叶展开时，进行第 1 次中耕，耕深 15~18 厘米，或于垄沟深松 18~20 厘米，要求垄沟和垄帮有较厚的活土层；在株高 25~30 厘米时，进行第 2 次中耕，耕深 8~12 厘米，中耕机需高速作业，提高壅土挤压苗草效果；封垄前进行第 3 次中耕，耕深 15~18 厘米。次数和时间不固定，根据苗情、草情和天气等条件灵活掌握，低涝地应注意培高垄，以利于排涝。

平作密植春大豆和夏大豆少免耕产区，建议中耕 1~3 次。以行间深松为主，第 1 次深度为 18~20 厘米，第 2 次和第 3 次为 8~12 厘米，松土灭草。推荐选用带有施肥装置的中耕机，结合中耕完成追肥作业。

2. 除草

采用机械、化学综合灭草原则，以播前土壤处理和播后苗前土壤处理为主，苗后处理为辅。

（1）机械除草。一是封闭除草，在播种前用中耕机安装大鸭掌齿，配齐翼型齿，进行全面封闭浅耕除草。二是耙地除草，即用轻型或中型钉齿耙进行苗前耙地除草，或者在发生严重草荒时，不得已进行苗后耙地除草。三是苗间除草，在大豆苗期（一对真叶展开至第 3 片复叶展开，即株高 10~15 厘米时），采用中耕苗间除草机，边中耕边除草，锄齿入土深度 2~4 厘米。

（2）化学除草。根据当地草情，选择最佳药剂配方，重点选择杀草谱宽、持效期适中、无残效、对后茬作物无影响的除草剂，应用雾滴直径 250~400 微米的机动喷雾机、背负式喷雾机、电动喷雾机、农业航空植保等机械实施化学除草作业，作业机具要满足压力、稳定性和安全施药技术规范等方面的要求。

（三）病虫害防治

采用种子包衣的方法防治根腐病、孢囊线虫病和根蛆等地下病虫害，各地还可根据病虫害种类选择不同的种衣剂拌种，防治地下病虫害与蓟马、跳甲等早期虫害。建议各地实施科学合理的轮作方法，从源头预防病虫害的发生。根据苗期病虫害发生情况选用适宜的药剂及用量，采用喷杆式喷雾机等植保机械，按照机械化植保技术操作规程进行防治作业。大豆生长中后期病虫害的防治，应根据植保部门的预测和预报，选择适宜的药剂，遵循安全施药技术规范要求，依据具体条件采用机动喷雾机、背负式喷雾喷粉机、电动喷雾机和农业航空植保等机具和设备，按照机械化植保技术操作规程进行防治作业。各地应加强植保机械化作业技术指导与服务，做到均匀喷洒、不漏喷、不重喷、无滴漏、低飘移，以防出现药害。

（四）化学调控

高肥地块大豆窄行密植由于群体大，大豆植株生长旺盛，要在初花期选用多效唑、三碘苯甲酸等化控剂进行调控，控制大豆徒长，防止后期倒伏；低肥力地块可在盛花期至鼓粒期叶面喷施少量尿素、磷酸二氢钾及硼、锌微肥等，防止后期脱肥早衰。根据化控剂技术要求选用适宜的植保机械设备，按照机械化植保技术操作规程进行化控作业。

（五）排灌

根据气候与土壤墒情，播前抗涝、抗旱应结合整地进行，确保播种和出苗质量。生育期间干旱无雨，应及时灌溉；雨水较多、田间积水，应及时排水防涝。开花结荚期至鼓粒期，适时适量灌溉，协调大豆水分需求，提高大豆品质和产量。提倡采用低压喷灌、微喷灌等节水灌溉技术。

五、收获

（一）机械联合收获

采用联合收割机直接收获大豆，首选专用大豆联合收获机，也可以选用多用联合收获机或借用小麦联合收割机，但一定要更换大豆收获专用的挠性割台。

大豆机械化收获时，要求割茬一般4~6厘米，要以不漏荚为原则，尽量放低割台。为防止炸荚损失，保证割刀锋利，割刀间隙需符合要求，减少割台对大豆植株的冲击和拉扯；适当调节拨禾轮的转速和高度，一般早期的豆枝含水率较高，拨禾轮转速可适当提高，晚期的豆枝含水率较低，拨禾轮转速需要相对降低，并对拨禾轮的轮板加胶皮等缓冲物，以减小拨禾轮对豆荚的冲击。在大豆收获机作业前，根据大豆植株含水率、喂入量、破碎率、脱净率等情况，调整机器作业参数。一般调整脱粒滚筒线速度至470~490米/分（即脱粒滚筒转速为500~650转/分），脱粒间隙30~34毫米。在收获时期，一天之内大豆植株和籽粒含水率变化很大，同样应根据含水率和实际脱粒情况及时调整脱粒滚筒转速和脱粒间隙，降低脱粒破损率。

要求割茬不留底荚，不丢枝，田间损失率≤3%，收割综合损失率≤1.5%，破碎率≤1%，"泥花脸"率≤5%，清选后杂质率≤2%，脱净率≥98%以上。

（二）分段收获

分段收获有收割早、损失小、炸荚少、豆粒破损少和"泥花脸"少的优点。割晒放铺要求连续不断空、厚薄一致、大豆铺底与机车前进方向呈30°，豆铺放在垄台上，豆枝与豆枝之间相互搭接，以防拾禾掉枝，做到底茬割净、拣净，减少损失。要求综合损失<3%、拾禾脱粒损失<2%、收割损失<1%。割后5~10天，籽粒含水率在15%以下，及时拾禾。

（三）收获时期的选择

适期收获对保证大豆的产量和品质具有重要意义，收获时间过早，籽粒百粒重、蛋白质与脂肪含量偏低，尚未完全成熟；收获时间过晚，大豆含水率过低，会造成大量炸荚掉粒现象。不同收割方式收获期也不同。

1. 直接收获的收获期

一般在大豆完熟初期,此时大豆籽粒含水率在20%~25%,豆叶全部脱落,豆粒归圆,摇动大豆植株会听到清脆响声时即可。

2. 分段收获的收获期

一般在大豆黄熟末期,此时大豆田有70%~80%的植株叶片、叶柄脱落,植株变成黄褐色,茎和荚变成黄色,用手摇动植株可听到籽粒的"哗哗"声,即可进行机械割晒作业。对于人工收割机械脱粒方式的收获期,一般在大豆完熟期,此时叶片完全脱落,茎、荚、粒呈原品种色泽,豆粒全部归圆,籽粒含水率下降至20%,摇动豆荚有响声,即可进行人工收割。

第六节 花生生产技术

一、良种选择

春播花生或春播地膜覆盖花生宜选择生育期在125天左右的优质专用型中大果花生品种,麦垄套种花生宜选择生育期在125天以内的优质专用型中大果花生品种,夏直播花生宜选择生育期在110天左右的优质专用型中果花生品种。

在选择品种时,要注意品种抗性与当地旱涝、病虫等灾害发生特点相一致,特别是青枯病发生地区(地块)要选用高抗品种,烂果病发生较重的地区要选用抗性强的品种。机械收获程度高的产区,应选择结果集中、成熟一致性好、果柄韧性较好、适宜机械化收获的品种。

二、适期适量播种

(一) 确定适宜播期

春播露地大花生播期应掌握在连续 5 天 5 厘米地温稳定在 17 ℃以上、小花生稳定在 15 ℃以上,一般在 4 月中、下旬至 5 月上旬,覆膜花生可提早至 4 月上、中旬;麦垄套种花生适宜播期在麦收前 15~20 天,一般在 5 月中、下旬;夏直播花生在小麦收获后及时整地,尽早播种,播期一般不晚于 6 月 20 日。

(二) 确定适宜播量

一般春播大花生双粒亩播 8 000~9 500 穴,小花生双粒亩播 9 000~10 000 穴,单粒亩播 14 000~15 000 粒;夏直播大花生单粒亩播 15 000~17 000 粒,双粒亩播 9 500~12 000 穴。

(三) 搞好药剂拌种

播种前 10~15 天剥壳,剥壳前可带壳晒种 2~3 天,剔出霉变、破损、发芽的种子,按籽粒大小分级保存、分级播种。播种前已剥壳的种子要妥善保存,防止吸潮影响发芽率。选择合适的药剂进行拌种,拌种要均匀,随拌随播,种皮晾干即可播种,有效防治根腐病、茎腐病、冠腐病等土传病害和蛴螬等地下害虫。

三、田间管理

(一) 科学施肥

花生施肥的总原则是多施有机肥、少施化肥,有机无机结合、速效缓释结合,因地巧施功能肥。酸性土壤可增施石灰等生理碱性含钙肥料;连作土壤可增施石灰氮、生物菌肥;肥力较低的砾质砂土、粗砂壤土和生茬地增施花生根瘤菌肥,增强根瘤固氮能力;花生高产田增施生物钾肥,促进土壤钾有效释放。可通过施用生物肥料,减少化肥用量,控制重金属污染以及亚硝酸积累。

(二) 科学浇水

足墒播种的春花生和夏花生,幼苗期一般不需要浇水,适当干旱有利于根系发育,提高植株抗旱耐涝能力,也有利于缩短第一、第二节间,便于果针下扎,增加饱果率;麦套花生幼苗期发生干旱,应及时浇水保苗。生育中期(花针期和结荚期)是花生对水分反应最敏感的时期,也是一生中需水量最多的时期,此期干旱对产量影响大,当植株叶片中午前后出现萎蔫时,应及时浇水。生育后期(饱果期)遇旱应及时小水轻浇润灌,防止植株早衰及黄曲霉菌感染。浇水不宜在高温时段进行,且要防止田间积水,否则容易引起烂果,也不宜用低温井水直接灌溉。

(三) 及时放苗清枝

覆膜花生膜上覆土的,当子叶节升至膜面时,及时将播种行上方的覆土摊至株行两侧,余下的土撒至垄沟。膜上未覆土的幼苗不能自动破膜时要及时人工破膜放苗,尽量减小膜孔。从团棵期(主茎4片复叶)开始,及时检查并抠出压埋在膜下的横生侧枝,使其健壮发育,始花前需进行2~3次。

(四) 适时中耕除草

麦套花生田麦收后3~5天内进行中耕灭茬除草,中耕后每亩用50%乙草胺乳油120毫升,兑水40~45千克喷施地面。露栽花生播种覆土后用乙草胺喷施地面。当花生接近封垄时,在两行花生行间穿沟培土,培土要做到沟清、土暄、垄腰胖、垄顶凹,以利于果针入土结实。

(五) 合理化学调控

当植株生长至30~35厘米时,对出现旺长的田块用多效唑或烯效唑等植物生长调节剂进行控制,要严格按使用说明施用,喷施过少不能起到控旺作用,喷施过多会使植株叶片早衰而减产。于 10:00 前或 15:00 后进行叶面喷施。

（六）病虫害绿色防控

推荐采用物理诱杀和生物防治等方法防治虫害、化学药剂防治病害。推广黑光灯、性诱剂和诱虫板等物理诱杀技术，既能控制虫害，又能减少化学农药使用量。防治花生蛴螬等地下害虫可选用白僵菌、绿僵菌、阿维菌素等生物制剂。防治叶斑病等病害可选用合适的高效低毒杀菌剂。预防青枯病和锈病最好选用高抗花生品种。

四、适期收获

收获、干燥与贮藏是花生生产最后的重要环节。生产上一般在植株由绿变黄、主茎保留 3~4 片绿叶、大部分荚果饱满成熟时及时收获，具体收获期应根据天气情况灵活掌握。

收获后应尽快晾晒或烘干，使荚果含水率降到 10% 以下。注意控制贮藏条件，防治贮藏害虫，防止黄曲霉毒素污染的发生。

第七节 油菜生产技术

一、良种选择

了解品种特性，选择优质油菜品种。根据育种方式不同，习惯将油菜品种分为常规油菜与杂交油菜两大类型。杂交油菜由于存在杂种优势，产量相对较高，但因其制种困难，种子价格相对较贵。根据油菜品种的品质特性，又将其分为优质油菜与普通油菜两大类。优质油菜不仅菜油品质好，且饼粕可直接用作饲料，菜薹可作蔬菜，直接经济效益与综合效益显著高于普通油菜。

选用经过当地试种且表现优良的油菜品种。气候、土壤和栽培习惯不同，农作物品种表现可产生较大的差异，因此在进行品种选择时应选择经当地农业农村主管部门试验示范、表现良好的、已审定的主推品种。

根据耕作制度与播种方式选择适宜品种。移栽油菜或稻油两熟制移栽油菜宜选择耐肥、耐稀植、株型高大、单株产量潜力较大、抗倒性好的品种，如华油杂系列、中油杂系列等。秋发栽培（单株越冬前主茎绿叶12~13片）宜选用冬性、半冬性的中晚熟油菜品种。

二、整地与施基肥

（一）整地

油菜种子较小，所以整地要求精细、平整，耕层深厚、上虚下实，以利于种子发芽出苗。同时，不同类型、不同用途的田块，其耕整的要求有所不同。

1. 水稻田的耕整

在双季晚稻收获前15天左右要开沟排水、晒田，晚稻收割后立即翻耕碎土。稻田整地力求做到沟深土细、田平、厢匀。

2. 旱作田块的耕整

前茬作物收获后，要根据土壤墒情及时翻耕晒垡，耙细耕平，使土疏松细碎。如果整地时天旱墒情不好，最好先灌水后整地，墒情适宜时及时翻耕整地播种。

大田整好后开沟作厢。土质黏重、地势低的田块，厢宽2~3米，沟深30厘米；土质疏松、地势较高的田块，厢宽3~4米，厢沟30~35厘米，沟深18~20厘米。开厢的同时，要开好腰沟和围沟，做到"三沟"配套，沟沟相通，明水能排，暗水能滤，雨停田干。

（二）施基肥

基肥在总肥量中的比例一般占40%。施足底肥可使油菜苗期生长良好，打下丰产基础，避免后期因追肥过多而贪青、返花、倒伏等。另外，硼是油菜必不可少的微量营养元素，缺硼会导致油菜出现"花而不实"的现象。因此，油菜基肥应以无机肥与有机肥相结合，还要施些硼肥。在有机肥较多时，可结合整地使用；在有机肥较少时，可集中施于移栽行或穴中，但必须与土拌匀，使土肥相融，要避免与根系直接接触，以免烧根。

三、播种技术

（一）选择合理的播种方式

1. 直播

直播油菜的特点是根系发达、抗逆能力强、省工省时。

2. 育苗移栽

油菜育苗移栽可以适时早播，有利于培育壮苗，能较好地解决季节与茬口矛盾。

（二）确定适宜的播种时间

不同栽培条件下油菜播种时间弹性较大，但适宜播种时间范围较窄。在长江流域中上游地区"秋发栽培"（单株越冬绿叶12~13片）宜于9月上旬播种；"冬发栽培"（单株越冬绿叶10~11片）宜于9月中旬播种；"冬壮栽培"（单株越冬绿叶8~9片）宜于9月中旬后期播种。直播时间可按上述育苗播种时间推迟7~10天。

（三）种子处理和播种量

1. 种子处理

播种前将当年收获的种子放在太阳下翻晒2~3天，再经过筛选、风选，除去部分夹杂物和秕粒，然后播种。另外，盐水选种可以淘汰菌核及提高种子质量，其方法是把种子放在10%盐水中及时搅拌5分钟，不断除去漂浮水面的菌核和秕粒，然后捞起种子，立即用清水冲洗数次以免盐分影响发芽力，最后将选出的种子摊开晾干，准备播种。

2. 播种量

根据杂交种子大小确定播种量，一般每亩苗床只需留苗11万~12万株，油菜种子千粒重约3.8克，出苗率按75%计，每亩苗床用500~600克种子。

（四）育苗技术

1. 苗床选地

油菜苗床应选择没有种过大白菜等十字花科作物、土壤肥沃、砂壤土、地势较高、排灌方便的地块，苗床面积按1∶5的比例留足。

2. 精耕细作，施足基肥

苗床要求要做到平、细、实，畦宽1.5米，沟宽0.25米，沟深0.25米，施足基肥，每亩施2 500千克土杂肥、25千克复合肥和0.5千克硼肥。

3. 苗床管理

（1）早间苗、定苗。间苗要做到五去五留：去弱苗留壮苗，去小苗留大苗，去杂苗留纯苗，去病苗留健苗，去密苗留匀苗。一般苗床间苗2~3次，齐苗时1次，间去丛生弱苗。第一片真叶时1次，要求叶不搭叶、苗不挨苗。3叶时定苗，每平方米留110~120株，苗距8~10厘米，每亩留苗70 000株为宜。

（2）适时浇水和施肥。播种后要浇好出苗水，以土面不干燥、不发白为宜。齐苗后少浇水，促进根系下扎，1~2叶期结合间苗浇施粪水或稀尿素。5叶后减少浇水施肥，移栽前1周施好送嫁肥，苗肥用碳酸氢铵5千克左右兑水浇施，移栽前1天浇1次透水，以利于拔苗。

（3）早治虫。油菜苗期主要害虫有蚜虫、菜青虫等，要早防治。

4. 化学调控，培育壮苗

化学控制最好在幼苗3叶期内，可用15%多效唑可湿性粉剂750~1 500倍液，均匀地喷施在幼苗叶片上，切勿重复喷施。

四、适时移栽或大田直播

（一）选择合理的种植方式和种植密度

1. 种植方式

（1）正方形种植。行距和株距相等，或株距稍小于行距，一般在密度较低的情况下采用，植株受光均匀，各个方向的分枝大小较一致。

（2）宽行密株。行距较宽，株距缩小。在密度较大的情况下，这种方式既保证了较高的密度，又发挥了宽行通风透光的优点，便于田间管理，增产显著。

（3）宽窄行。这种方式采用宽行与窄行相间种植，由于调整了行距，在密度较高的情况下，比宽行密株更有利于协调个体与群体的关系，更有利于田间管理，有利于后季作物适时套作，解决前作后作的季节矛盾，增产显著。

（4）穴植。在土壤黏重潮湿、整地困难的水稻田，以及土质条件差的山区、丘陵坡地，干旱严重的地区，条播条栽较困难时，采用穴植则简便易行，有利于集中施肥、抗旱播种，易于管理，利于全面壮苗。

2. 种植密度

油菜种植密度要根据土壤和肥水条件、播种时期、品种特性等来确定。

（1）土壤和肥水条件：一般在土壤肥沃、深厚，土质好，施肥较多的条件下，油菜植株生长繁茂，种植密度宜小些，相反则种植密度宜大些。

（2）播种时期：早播早栽的油菜密度以稍低为宜，迟播的则应适当加大密度。

（3）品种特性：品种特性是影响油菜种植密度最大的因素。植株高大的品种宜稍稀，植株矮小的品种宜稍密。株型紧凑的宜稍密，株型松散的宜稍稀。早熟品种宜稍密，晚熟品种宜稍稀。在甘蓝型杂交油菜品种中，早、中熟品种比晚熟品种的密度宜大些。如秦油2号生育期长，个体较大，育苗移栽每亩以6 000~8 000株为宜；油研7号植株较矮，生育期又较短，每亩以8 000~10 000株为宜；贵杂2号属中、早熟品种，每亩以8 000~9 000株为宜。

（二）移栽技术

1. 起苗

起苗时土壤湿度要求较大，起苗少伤根系。若苗床土壤坚硬，应在起苗的前一天浇透水，使土壤湿润。水分充足、早上露水大时取苗，容易断柄伤叶，应在露水干后进行。起苗时要力求少伤根，多带护根土。用手扯苗时，手要捏紧根颈，轻轻起苗，或用锹起苗。起苗时除去弱苗、病苗、伤苗和杂苗。苗按大小分级、分田块移栽，以保证同一田块内秧苗整齐，生长一致有利于田间管理。

2. 移栽方法

要做到"三要三边"和"三栽三不栽"。即行要栽直、根要栽正、棵要栽稳，并做到边起苗、边移栽、边浇定根水。要栽直根苗、不栽弯根苗，栽紧根苗、不栽吊根苗，栽新鲜苗、不栽隔夜苗。栽时土要压紧，不歪不倒。油菜移栽方式有条栽和穴栽两种，条栽又可分为等行距条栽及宽窄行条栽两种。条栽有利于通风透光及便于田间管理，适合于疏松的土壤，方法是先按规定的行距开好沟,将底肥施入沟中,再按株距规格将菜苗紧靠行沟的陡坡一侧摆直,使根自然伸长不弯曲,然后用开第二条沟的土覆盖压实。在土壤黏重、雨水较多、土壤湿度大的情况下,可采用穴栽,方法是先按规定的行株距开穴,施入底肥,再在穴中移栽。开沟、开穴要达到10厘米左右,不能太浅、太小。

3. 壮苗标准与移栽时间

壮苗的标准,即在移栽时达到绿叶7片、根茎粗0.6~0.8厘米、苗高22~24厘米、苗龄30天为好。具体来说,甘蓝型油菜在移栽时(10月中、下旬),要求达到"三个七":绿叶6~7片,苗高6~7寸(20~23厘米),根颈粗6~7毫米。如果移栽时间较晚(11月上旬)则要求达到"三个八",即绿叶8片,苗高8寸(26~27厘米),根颈粗8毫米。如果茬口允许,正常时实行中苗(5~6叶)早栽效果也较理想。移栽时间应以适时早栽为原则,移栽的适宜时间一般在10月中、下旬,迟至11月上旬,再晚移栽,产量会明显下降。

(三) 直播技术

1. 正确选用播种方法

目前的播种方法有以下3种。

(1) 撒播。用种量大,出苗多,苗不匀,间苗、定苗工作量大,管理不方便,因而很少采用。

(2) 点播。在水稻田土质黏重、整地困难、开沟条播不方便的地方较为适用。将种子与人畜粪、过磷酸钙、硼肥等肥料和适量的细土或细沙充分拌匀,分厢定量点播,播后用细土盖籽。

(3) 条播。播种时每厢应按规定行距拉线开沟播种,沟深3~5厘米,条播要求落籽稀而匀,最好用干细土拌种,顺沟播下。

2. 确定直播油菜密度

直播油菜每亩密度要比移栽密度增加30%左右,即每亩1.1

万~1.2万穴,每穴可留苗2~3株,苗总株数2.2万~3.6万株。

3. 及时间苗、定苗、补苗

直播油菜常因播种不匀,造成幼苗密度过大以致于出现苗挤苗,或断垄缺苗现象。所以,要及时间苗、定苗、补苗。一般第1次间苗在第1片真叶期,第2次间苗在2~3叶期,4~5叶期开始定苗,同时补苗。

4. 加强肥水管理,及时进行病虫害防治

油菜苗期常遇秋旱,所以要立足灌水育苗。同时对于干旱年份、瘠薄田块还应及时补充养分。另外,油菜苗期主要是虫害较重,如蚜虫、菜青虫,要及时控制害虫为害,培育健壮幼苗。

五、田间管理

(一)不同生育时期的施肥技术

追肥以氮肥为主,配合施用有机肥(苗期)。

1. 苗期

油菜苗期历时120~150天,占整个生育期50%~60%,油菜苗期生长好坏直接影响后期产量。此时的管理重点之一是早施苗肥和重施腊肥(冬至前后施用的肥料)。早施苗肥使幼苗充分利用冬前有效积温和光照,重施腊肥增强幼苗抵御低温冻害的能力,使幼苗安全越冬,保证油菜春后生长对养分的需要。苗肥一般分2次施用:第1次在移栽成活时(直播油菜间苗时),可在10月下旬至11月上旬,每亩施尿素5~6千克,兑水浇施,雨前或雨后撒施;第2次在12月上、中旬,以农家肥为主,每亩使用人畜粪1 000~1 500千克,施于油菜行间或培于根旁,或每亩使用3~5千克尿素。

2. 蕾薹期

蕾薹期施肥要做到看苗(幼苗长势、生育进程)、看地

（前期施肥情况）、看天（天气状况）合理施肥，以实现早发稳长、不早衰、不贪青为原则，做到三个"少施、迟施或不施"，如油菜长势强，叶片大，顶低于叶尖的；土壤肥沃，腊肥充足的；气温高，菜苗生长快的。三个"早施、巧施、多施"，如油菜长势弱，薹茎紫红色且有早衰趋势的；土壤肥力差，腊肥不足的；气温低，菜苗生长慢的。另外，干旱少雨时要肥水结合，以水调肥；多雨地湿时要穴施或结合中耕条施。蕾薹肥一般在薹高10厘米左右时施用，每亩施用尿素7~10千克。

3. 开花成熟期

油菜进入开花成熟期后，土壤施肥极为不方便。因此，此时施肥一般采用叶面喷施1%~2%尿素、2%~3%过磷酸钙和（或）0.2%磷酸二氢钾溶液。

(二) 不同生育时期的水分管理技术

1. 苗期

苗期水分管理应以"浇水保苗、灌水发根、以水调肥、以水调温"为重点，适时灌溉培育壮苗。具体来说播种出苗期遇到干旱，整地时灌水整地，播种后浇施稀薄粪水，保证安全出苗和出全苗、齐苗。移栽时和移栽后浇施稀薄粪水或尿素水，确保苗存活、尽快成活。移栽苗开始生长后，或直播苗3叶期以后，引水沟灌促进根系生长，促进根系对养分的吸收。入冬前灌水能提高土壤温度、缩小土壤昼夜温差，防止发生或减轻冻害死苗现象。

2. 蕾薹期

蕾薹期是油菜需水的敏感时期，日需水量增加。此时缺水会导致花芽分化数减少、单株角果数减少。此时，南方地区降水增多，油菜对水分的需求基本能得到保证，因此应开好"四沟"（厢沟、腰沟、围沟、排水沟），以防降水过多发生渍害。而北方地区气候干燥，常发生早春干旱，因此应根据土壤墒情适时灌水，保证水分供应。

3. 开花期

开花期是油菜最大需水期，日需水量达到全生育期最大值。此时水分过多或过少都会导致结实率下降、单株有效角果数减少、每果粒数减少。油菜开花期，长江流域地区时常阴雨绵绵、低温寡照，造成土壤含水率过高、通气不良，不利于油菜根系发育；同时田间湿度过大，有利于病害的发生。因此疏通"四沟"，防止发生渍涝灾害十分重要。

4. 角果发育成熟期

此时常有高温艳阳、干热风劲吹的天气，造成高温逼熟、千粒重降低、产量和品质下降。因此后期酌情灌水不能忽视。

（三）中耕除草技术

中耕的作用在于疏松表土、破除板结、改善土壤通气状况、提高地温、消除杂草、促进土壤微生物活动、加速养分转化，以利油菜发根发棵。稻田栽种油菜，中耕松土尤为重要。中耕可结合追肥进行。移栽活棵后或直播田间苗时结合施苗肥进行第1次浅中耕，深3~5厘米。第2次中耕在12月上、中旬结合施腊肥进行，深7~10厘米。

（四）病虫害防治技术

油菜的主要病害有菌核病、病毒病、霜霉病、白锈病等。油菜的主要虫害有蚜虫、菜青虫、潜叶蝇、小菜蛾等。病虫害的防治过程中，应以农业防治和生物防治为主、以化学防治为辅，才能减少农产品中农药残留、减轻环境污染、保护生态平衡、实现油菜生产的良性循环和持续发展。

六、适时收获

（一）收获时期

终花后30天左右，当全株2/3的角果呈黄绿色，主轴基部角果呈枇杷色，种皮呈黑褐色时，为适宜收获期。因此，油菜产区就有"八成熟，十成收；十成黄，两成丢""角果枇杷黄，收割正相当"等说法。

（二）收割方法

无论是冬油菜产区还是春油菜产区，油菜收获均应在早晨带露水收割，以防主轴和上部分枝角果裂角落粒。收获过程力争做到"四轻"（轻割、轻放、轻捆、轻运）。油菜收割时，边收、边捆、边拉、边堆，不宜在田间堆放、晾晒，以防裂角落粒。

（三）堆垛后熟

由于油菜在八成熟时收获，往往需要经过一个从收获成熟到生理成熟的过程。种子在脱离植株后仍然进行生理代谢过程称之为后熟作用。为促进部分未完全成熟的角果后熟，应将收获后的油菜堆垛7天左右。正确的堆垛方法是选择在地势较高、不积水的地方，第1层角果向外，上部各层角果向内，顶上加盖防雨层，避免雨水渗透发生霉烂。在堆放后熟过程中，要注意检查堆内温度，防止高温高湿导致菜籽霉变。堆放7天后，应当及时迅速散堆，并在晒场上及时铺开，迅速晒干。

（四）脱粒入库

经过堆放7天左右的油菜，角果经果胶酶分解，角果皮裂开，菜籽已与角果皮脱离。这时可选择晴朗的天气，抓紧时间摊晒、碾打、脱粒、扬净，当水分降到10%以下时即可入库。

第二章 果树生产技术

第一节 苹果生产技术

一、建园技术

(一) 园地选择

苹果生产基地应选择无污染和生态条件良好的地区,空气中各项污染物、农田灌溉水中各项污染物、土壤中的各项污染物含量均不可超过规定限值;排水良好,土层深厚的缓坡、梯田或平地,土壤 pH 值 6.5~8.0。

(二) 品种选择

品种要符合市场要求,外观漂亮,内在品质优良,即红、大、甜、香、脆、耐贮运。

(三) 授粉树配置

主栽品种和授粉品种果实经济价值相仿时,可采用等量成行配置,否则实行差量成行配置[主栽品种与授粉品种的栽植比例为(4~5):1]。同一果园内栽植 2~4 个品种。

(四) 栽植时间

分春栽和秋栽。春栽一般在春季土壤解冻后到苗木萌动前进行。秋栽一般在苗木落叶后到土壤封冻前进行。

(五) 栽植技术

起垄后,在垄背上,按合理株距挖深 30 厘米的栽植穴,将苗木放入穴中央，舒展根系，扶正苗木，纵横成行，边填土边提苗，踏实。填土后在树苗周围做直径1米的树盘，苗木栽植后立即灌水，之后每隔7~10天灌水1次，连灌2次，然后覆盖黑色地膜，以保墒、提高地温和抑制杂草生长。栽植深度：实生砧苗木的接口略高于地面；营养系矮化中间砧苗木约有1/2长度的中间砧埋于地下；营养系矮化、自根砧苗木的接口应高出地面15~20厘米（降雨较少的地区可适当深栽）。根据苗木大小确定是否定干，定干后，保护剪口。矮化中间砧苗木和矮化自根砧苗木栽植后设立支架固定苗木。

（六）栽后管理

根据整形需要确定定干高度，在饱满芽处定干，剪口要平滑；栽后10天内，若无有效降水，要及时灌第2水；苗木定植后，土干延长头新梢长出后及时将新梢绑缚在竹竿上；有冻害发生的地区，新栽幼树前3年入冬前要防寒。

二、土壤管理

果园土壤活土层要求达到80厘米，通透性良好，土壤孔隙度的含氧量在5%以上，根系主要分布层（50厘米范围）土壤有机质含量1%。土壤管理包括深翻改土、树盘覆草和行间生草3项。

（一）深翻改土

秋季苹果采收后结合施有机肥进行深翻。每2年全园深翻或隔行深翻1次，深翻深度30~40厘米，土壤回填时与有机肥、地面覆草混填入坑，然后灌足封冻水。

（二）树盘覆草

树盘覆草在春季施肥、灌水后进行，用麦秸、玉米秸等覆盖于树盘下，厚度以20厘米为宜，材料不足时可逐批进行，必须保证覆草厚度。上面压少量土防火灾,每2年浅翻1次,4年后开沟深翻入土。追肥时扒开草层施入。

(三) 行间生草

行间生草可以是人工种植绿肥（毛苕子、扁茎黄芪、三叶草等），或间作花生、豆类等低秆作物，或园内生草。生草果园1年内要刈割3~4次覆于地面，生长高度最高不超过25厘米，不能影响果树正常生长。无论覆草、生草果园，每年于休眠期喷药消毒，杀灭越冬病虫源。

三、施肥管理

(一) 施肥原则

以施腐熟有机肥（包括高温堆沤肥、沼气肥、人粪尿、羊粪、鸡粪等）或商品有机肥、生物肥为主，化肥为辅。

(二) 基肥

在采果后施基肥，有机肥施用量按每生产1千克苹果施1.5~2.0千克计算，肥源不足的果园也应达到千克果千克肥的标准。一般盛果期根据产量的不同，每亩施有机肥2 000~4 000千克。施肥方法以沟施或撒施为主，施肥的最适宜部位是树冠外围垂直投影处。

(三) 追肥

每年追肥3次，施肥量按每生产100千克苹果追施纯氮1.0千克、纯磷0.3~0.5千克、纯钾1.2~1.3千克计算。施肥方法是树冠下开浅沟15~20厘米施入。第1次在萌芽前后（4月中旬）施入，以施氮肥为主，占全年氮肥用量的70%；第2次在花芽分化及果实膨大期（6月上、中旬）施入，以施磷、钾肥为主，加少量氮肥；第3次在果实生长后期（7月下旬至8月上旬）施入，以施钾肥为主，钾肥用量占全年的65%~70%。追肥后及时灌水。

（四）叶面肥

全年喷 4~5 次：春梢生长期（4 月下旬至 5 月中旬）喷 2 次，以氮肥为主，喷 0.3%~0.5%尿素，间隔期 15~20 天；春梢停长期至花芽分化初期（5 月下旬至 6 月中旬）喷 1 次；秋梢生长期（7 月上旬至 8 月上旬）喷 2 次，以氨基酸系列微肥（400 倍液）为主或 0.2%~0.3%磷酸二氢钾。

四、水分管理

全年通常灌水 3 次，即萌芽后或春梢旺长期、果实膨大期和土壤封冻前灌水。根据降水情况，干旱时可适当增加灌水 1~2 次。灌水量以浸透根系分布层（30~40 厘米）为准，即达到田间持水量的 60%~70%。多雨年份要注意及时排水防涝。

五、整形修剪

（一）树相指标

冬剪后每亩留枝 8 万~10 万条，最高不超过 10 万条。树高不大于行距，干高不低于 40 厘米，株间交接率小于 30%。树冠外围新梢平均年生长量 30~40 厘米。结果枝和营养枝比例为 1∶3，中、短枝比例占 90%。果园覆盖率 75%，保叶率 80%。

（二）原则和要求

1. 幼树至初果期树

此期主要任务是整形，培养一个良好的树体结构。采用轻剪、长放、多留枝的方法，区别对待永久性枝和临时性枝，充分利用辅养枝，在不影响整株通风透光的情况下，边结果边整形。

2. 盛果期树

此期运用调光、调枝、调花、调势的技术措施，采用刻芽、疏枝、开角、截顶、割（剥）、控等方法，以夏管为主、冬剪为辅，培养良好的结果枝组，减少外围枝，控制辅养枝，疏除直立枝、竞争枝，落头开心，控制树冠，改善全园通风透光条件。

3. 衰老期树

此期应及时回缩，更新复壮。具体做法：去弱留强，去斜留直，去老留新，去外围内膛枝，留壮枝壮芽等。

（三）密度和树形

按照土壤肥力、管理水平、品种习性等不同选择合适的栽植密度，采用不同的树形。行株距4米×（2~3）米（亩栽55~83株）采用小冠疏层形和自由纺锤形。

1. 小冠疏层形

干高40厘米，树高3米，冠径2.5米，具有中央领导干。5~6个主枝，从下到上呈3-2-1排列，主枝角度60°~70°，下大上小，主枝上分生侧枝2~3个，第1~2层间距70厘米，第2~3层间距50厘米。

2. 自由纺锤形

外观形似雪松形，干高50厘米，树高2.5米，中干上均匀着生10~15个主枝，枝角80°~90°，不分层次，均匀插空螺旋上升排列。主枝上无侧枝，直接着生结果枝组，主枝长度自下而上依次为1.5米、1米、0.7米，相邻2个主枝间距20厘米，树冠紧凑。

六、花果管理

（一）疏花疏果

疏花疏果宜早不宜迟，按照疏花、疏果、定果三步走。从花序分离后7天开始疏花，15天内完成，先疏除边花，保留中心花。落花后7天开始疏果，20天内完成，按距离留果，大型果每 20~25 厘米留 1 个果，中型果每 15~20 厘米留 1 个果，去除畸形果、伤果和梢头果，留果量可多预留 15%左右。落花后 1 个月内定果，3~5 天完成，去除发育不良的果，果实留量要适宜，当亩产量 1 500~2 500 千克时，留 8 000~13 000 个，平均单果重即可在 200 克以上。

（二）套袋和摘袋

定果后（花后 40 天开始）套袋。套袋可选用优质塑膜袋或纸袋，套袋前喷 2~3 次保护性杀菌剂+氨基酸钙，待药液干后再套袋，喷药后若 5~7 天未套完，应再喷药后套袋。套袋时间应避开中午高温时段。套双层纸袋的果园于采前 15~20 天摘袋，先解开外袋，3 个晴天后再全部脱袋，摘袋以 10：00 前和 14：00 后为宜，以促进果实全面着色和防止日烧，脱袋后要摘除果实周围的叶片，并及时转果，摘叶量不能超过全树总叶量的 20%，套塑膜袋的果园可带袋采收。

七、病虫害防治

坚持"预防为主，综合防治"的植保方针，以农业和物理防治为基础，按照病虫害的发生规律，科学合理使用化学防治技术，有效控制病虫害，最大限度地降低农药使用量。

（一）休眠期（落叶后至萌芽前）

树干、主枝及大侧枝涂白，涂白剂的配方为生石灰 12 份、食盐 2 份、大豆汁 0.5 份、水 36 份。彻底清扫园内枯枝、落叶、病虫果，剪除树上的病虫枝，刮除树干上的老粗翘皮，集中深埋或烧毁，消灭各种越冬病虫源。树冠下土壤深翻 20~25 厘米，利用冬季低温，消灭土壤中越冬害虫。

（二）萌芽前 7 天

全园淋洗式喷施 5 波美度石硫合剂，重点防治介壳虫和叶螨。石硫合剂配方为硫黄2份、生石灰1份、水10~12份，涂药保护伤口、剪锯口。用石硫合剂或熬石硫合剂的浆渣封闭剪锯口和大伤口。

（三）花期

花期禁止喷药，采用人工捕捉、糖醋液诱杀等物理方法，重点防治金龟子。

（四）花后至展叶期

重点防治蚜虫、卷叶虫，预防各类病害，连喷3次杀菌剂，每次间隔10天。第1次在花后7天，喷10%吡虫啉可湿性粉剂2 000倍液+1.5%多抗霉素可湿性粉剂500倍液+氨基酸微肥400倍液。卷叶虫类可人工剪除虫苞并烧毁。第2、3次从花后15~20天开始，连喷2次杀菌剂，选用1.5%多抗霉素可湿性粉剂400倍液、70%甲基硫菌灵可湿性粉剂或60%多菌灵可湿性粉剂800~1 000倍液各1次，加氨基酸钙400倍液。第3次喷完药后开始套袋。

（五）春梢停长期至麦收前

防治金纹细蛾和叶螨类，喷1次25%灭幼脲悬浮剂1 000~1 500倍液+1.8%阿维菌素乳油6 000~7 000倍液+氨基酸钙400倍液。

（六）果实膨大期（秋梢生长期）

保护好叶片，促进花芽分化。喷多量式波尔多液或其他杀菌剂+0.3%磷酸二氢钾2次（中熟品种只喷1次），间隔25天，采前30天停止用药。

八、适期采收

不同品种有不同的果实发育期，采收时间不宜过早或过晚，过早影响着色、品质和风味，过晚易造成大量落果。采果的顺序是先外后内,先下后上,要轻拿轻放,防止挤伤、碰伤、刺伤果品。

第二节 梨树生产技术

一、梨园选择

梨的适应性很强,选择坡度15°以下的缓坡、丘陵地,土质疏松、排水良好的砂壤土种植。以光照充足、空气流通、排水良好的环境条件建园,并挖深、长、宽各为60厘米的定植穴备种。

二、苗木选择

选取无病虫为害,根系良好,株高在60厘米以上的优良苗木作为种苗。

三、栽植密度

一般常规栽植密度为(4米×5米)~(2.5米×4.0米),每亩33~67株。平地与强势品种,密度宜稀;反之宜密。生长势中等的黄花、翠伏梨品种,每亩栽41~56株;生长势弱的湘南、长十郎品种,每亩栽56~67株。同时,梨由于成枝力弱,可实行计划密植栽培,每亩栽110~148株。

四、栽植时期

落叶后至春季萌芽前(11月下旬至翌年3月上旬)均可栽培,但以冬栽(11—12月)为好。

五、栽植方法

先将苗木根系进行修剪和整理,在已回填的定植穴内挖30

厘米左右的栽植穴，将苗居中，摆平根系，将拌匀的肥土埋在根系上，并轻轻上提苗木使根土充分密接，再用脚踏紧，覆土盖平，不可埋住嫁接口，做成直径1米的高出定植穴口10厘米以上的树盘，并及时浇足定根水，立上支柱，绑缚好苗木。

六、肥水管理

梨树以施有机肥为主，作基肥于树冠滴水线下开沟施入，有机肥为人畜粪尿、厩肥、土杂肥、绿肥和饼肥等，基肥量相当于梨全年需肥量的60%~70%，单株年施基肥量不低于100千克，并且配合过磷酸钙1.0~1.5千克或人粪尿50~100千克或尿素1千克。

七、整形修剪

梨树整形修剪可分夏季、冬季进行。

（一）夏季整形修剪

夏季修剪又称生长期修剪，在整个梨树年生长周期的3—10月进行，修剪方法包括抹芽、摘心、环割、拉枝、撑枝。梨树生长旺盛、干性强、树体高大，可采用以下3种树形。

1. 疏散分层形

一般干高10~50厘米，全树主枝数为6~7个，分3层排列，具有明显的中央主干。第1层有3~4个主枝，第2层2个主枝，第3层有1~2个主枝，树冠高3.0~3.5米。

2. 双层矮干开心形

适用于密植园生长势中等而又喜光照的品种。干高40~50厘米，全树共5个主枝，第1层3个主枝，第2层2个主枝。

3. 多主枝自然分层形

干高50~60厘米，有中央主干，全树有2~3层，第1层有

3~4个主枝，第2层有2~3个主枝，第3层有1~2个主枝。主枝自然分布、上下互相错开、不重叠进入盛果期。应注意此树形需去除主干延长头，以限制树高。

（二）冬季整形修剪

即11月至翌年2月进行。修剪方法如下。

1. 短截

剪去当年新梢的一部分，对枝条进行回缩。

2. 疏枝

将过密和无利用价值的多条枝条剪除。

3. 甩放

甩放即对一年生的长枝不做处理，可以缓和生长，增加中、短枝量，有利于枝条的营养积累，促进花芽分化。

八、保花保果

（一）加强管理，提高树体营养水平

加强梨树各个生长环节的肥水管理，采取早施基肥、重施采果肥、综合防治病虫害、防止秋旱、保护秋叶等措施。

（二）配置授粉树

梨是自花不育品种，必须由别的梨品种花粉授粉才能坐果。在生产上，一般按主栽品种与授粉品种（3~4）:1比例配置授粉树。

（三）进行人工辅助授粉，保花保果

果园养蜂是主要手段之一；此外可采集花粉后，采取鸡毛掸子授粉、喷雾器授粉、液体喷雾器授粉等方法进行。如开花多，还要疏花疏果。

九、果实套袋

果实套袋的目的是改善果实的外观品质、减少农药残留、增强果实的耐贮性。方法：掌握在梨花后 15~20 天进行，并在 10 天左右套完，一般每个花序只套一个果，从上到下进行。将纸袋撑开，一手托纸袋，另一手抓果柄，把幼果轻轻套入袋内中部，然后将袋口从两边向中部果柄挤折并绑托。采收前 20 天，去掉双层袋的外层袋。摘袋时间为 10:00—16:00。对果实不需着色的梨品种不进行摘袋。

十、病虫害防治

1. 病害防治

梨树的主要病害为梨黑星病、梨赤星病、梨黑斑病、梨轮纹病，防治方法如下。

（1）农业防治。及时摘除病叶、病梢、病花簇、病果等，避免在梨园周围种植具有相同病源的寄主，如松柏、龙柏、刺柏等植物。加强修剪整形等技术措施，改善通风透光条件。

（2）化学防治。可选用 70%代森锰锌可湿性粉剂 1 000 倍液、75%百菌清可湿性粉剂 1 000 倍液、70%甲基硫菌灵可湿性粉剂 800 倍液、50%多菌灵可湿性粉剂 800 倍液等。

2. 虫害防治

梨树的主要害虫为梨小食心虫、梨大食心虫、梨象鼻虫、吸果夜蛾、梨眼天牛等。防治方法如下。

（1）农业防治。结合冬季清园，清除虫源。生产中剪摘的虫枝、虫果等集中销毁。利用黑光灯或人工合成剂进行成虫诱杀。

（2）化学防治。可选用 20%氰戊菊酯乳油 3 000 倍液、90%敌百虫晶体 500 倍液、50%杀螟硫磷乳剂 1 000 倍液、80%敌敌畏乳油 1 000 倍液。间隔 10~15 天喷 1 次，连喷 2~3 次。

第三节 桃树生产技术

一、建园技术

（一）园址选择

选择排水良好、土层深厚的壤土建园，尽量避免重茬地建园。

（二）品种选择

要选择果个大、外观漂亮、贮运性较好、市场价格高、易销售、适合当地栽植的优良品种。大面积栽培时需考虑早、中、晚熟品种的搭配比例。一般北方地区日照时间长，果实品质优，同一品种比南方地区成熟晚，在占领中熟品种的市场上有优势，应以中熟品种为主，适当搭配早熟品种。无花粉的品种需进行人工辅助授粉，并按（2~4）:1配置授粉树，即2~4行（株）主栽品种，1行（株）授粉品种相间栽植。

（三）栽植时期

栽植时期有秋栽和春栽。由于秋栽比春栽发芽早、生长快，无明显缓苗期，所以我国中部和南部地区多采用秋栽，北方有灌溉条件的地区也采用秋栽。但北方干旱、寒冷、无灌溉条件的地区秋栽会发生抽条现象，所以多为春栽。春栽一般在桃发芽前栽植。

（四）栽植密度

由于桃树喜光性强，栽植距离应考虑树冠的生长发育情况。如桃树在北方反而比在南方生长势旺盛、树冠更大，行向以南北为宜。在我国南方株行距以4米×4米或4米×5米、每亩40株或33株为宜，山地种植的株行距可适当缩小至3.2米×3.2米，每亩66株。北方以5米×5米或5米×6米、每亩27株或22株为宜。

(五) 栽植技术

按栽植行株距,用线和石灰打点,挖40~50厘米^{3}的坑,然后每株施腐熟农家肥25~50千克、过磷酸钙0.5~1.0千克,并与土拌匀。再将经过消毒并蘸过泥浆的苗木根系放入穴中,浇足水并渗完后填土至原地面高度,砧木要露出地面5厘米左右。

(六) 栽植后管理

1. 定干

定植后要立即定干。干高要根据品种特性及整形方式决定,一般2年生苗的定干高度为40~80厘米;当年嫁接的速生苗在饱满芽处剪截,待达到定干高度时摘心,以促生分枝;芽苗(半成品苗)剪到接芽处,注意抹去砧木的萌蘖。

2. 涂白

定干后立即涂石灰水或石硫合剂浆渣于树干,以防日烧和病虫为害,但注意石灰水不要太浓。

3. 追肥

5月下旬,每株施尿素30克并浇水,以促进枝条生长发育,有利于树冠早期成形。

4. 防治病虫害

注意防治蚜虫、食心虫、叶蝉、红蜘蛛、天牛及桃细菌性穿孔病和桃缩叶病。

5. 修剪管理

调整主枝预备枝角度,使其生长势均衡。对辅养枝进行拿枝或拉枝,促进早期成花。

二、土肥水管理

(一) 间作与覆盖

1. 间作

1~3 年生幼龄树树冠较小，行间有较大的空间，光照良好，可适当间作一些矮生作物，如草莓、西瓜、甘薯、花生、马铃薯等，以提高单位面积的经济效益，避免间作高秆作物和十字花科植物。为改良土壤，可间作绿肥或与养殖业相结合间作牧草，如三叶草、黑麦草、苜蓿等。

2. 覆盖

1 年生树以树干为中心 1 米半径范围内不能间作作物，可覆盖绿肥或秸秆。结果树行内树冠下也可覆盖作物秸秆（稻草、麦秸、玉米秸、稻壳）、杂草和刈割的绿肥，厚度以 10 厘米左右为宜，可起到抑制杂草生长、保墒和降低地温的作用，同时，有机物腐熟后还可增加土壤有机质含量，改善土壤团粒结构，提高土壤肥力。

(二) 施肥

1. 施肥时期

桃树的发芽、展叶、开花、坐果主要靠上一年秋季贮藏的养分，因此，桃树的施肥应以秋季为重点，基肥一般在秋季（10—11 月）施入。追肥应在萌芽、花后、硬核期和果实膨大期进行。

2. 施肥量

施肥量依目标产量、土壤、品种、树龄、树势等差异而不同。早熟品种、土壤肥沃、树龄小、树势强的施肥量要小一些；晚熟品种、土壤瘠薄、树龄大、树势弱的施肥量要大一些。

3. 施肥方法

一是土壤施肥，为了提高肥料的利用率，减少肥料的挥发与流失，幼树的基肥采用开沟土施，开沟的方法有环状、条状、放射状。生草栽培桃园采用地表全施，施肥后浇水。二是根外追肥，主要为叶面喷肥，也可结合打药进行。

（三）排水

桃树根系的呼吸作用强、耐涝性差，当桃园积水2~3天时，便发生死树现象。因此，平地和低洼地栽植桃树时，一定要设置排水沟，对积水的桃园一定要及时排水。

（四）灌溉

桃树耐旱性较强，在果实成熟期（采前15~20天）适当控水有利于果实提高糖度、提早成熟。但过于干旱，常造成果个偏小、果实味涩、品质下降，同时也会造成树势衰弱。秋施基肥后，冬季缺水会导致肥料渗透分解慢，第2年新梢延迟停长，生理落果加重。

1. 灌水关键时期与灌水量

桃树需水的关键时期有2个，即花期和果实膨大期。花期如水分不足，会影响桃树的新梢生长，导致生长量不足，长、中果枝减少；而果实膨大期如土壤严重干旱，会影响果实细胞体积的增大，减少果实重量和体积。一般每次亩灌溉量为10~20米^3，干旱、半干旱地区为20~40米^3。采用节水灌溉（渗灌、喷灌、微灌等）可节水1/2~2/3。春季正值桃树萌芽、开花期，北方常遇春旱，需足量灌水。硬核期对水分敏感，缺水或水分过多均易引起落果，所以注意灌水要适量。果实成熟期，如不遇特殊干旱，不宜灌水。10月下旬至11月上、中旬灌1次防冻水。

2. 灌水方法

灌水方法有沟灌、管灌、树盘浇水、喷灌、滴灌、小管出流等方式。根据水源、地形、水利设施等因素合理选择灌溉方式。

三、整形修剪

桃树是喜光树种,对光照要求较严,因此在整形修剪上应掌握层间要少、主枝要开张、保持树冠通风透光的原则。

(一)三主枝开心形

树高2.5~3.0米,干高30~50厘米,在主干上不同方位错落排列3个主枝。注意选留主枝时不要选正南方的主枝。每个主枝上选留2~3个侧枝,主枝开张角度要保持在40°~50°,侧枝保持在60°~80°。在主、侧枝上配备各类结果枝组。该树形骨架牢、易培养、光照好,是北方露地栽培桃树常用的树形。

(二)二主枝开心形

树高2.5米,干高30~50厘米,在主干上相反方向选留2个主枝,一般选东西方向各1个。在每个主枝上选留2~3个侧枝,主、侧枝上配备结果枝组。这种树形骨干枝少,易平衡,比三主枝开心形更适宜密植,适于露地密植和设施栽培。

(三)纺锤形

树高2.5~3.0米,干高40~50厘米。有中心干,在中心干上均匀排列8~10个大型结果枝组,大型结果枝组间距30厘米左右,与地面水平角度保持在70°~80°。该树形适于设施栽培和露地高密栽培。

四、疏花疏果

(一)疏花

疏花指疏去晚开的花、畸形花、朝天花和无枝叶的花,留枝条上中部的花。疏花量一般为总花量的1/3。

(二)疏果

疏果要先疏去双果、小果和果形不正的果。留果时,果枝所处的部位不同，留果量也不一样，树体上部的结果枝要适当多留果，下部的结果枝要少留果，以果控制旺长，达到均衡树势的目的。树势强的树多留果，树势弱的树少留果。另外，定果时还要考虑果实大小。一般长果枝留 2~4 个果，中果枝留 1~3 个果，短果枝留 1 个果或不留果。弱枝和花束状果枝一般不留果，预备枝不留果。也可根据果间距留果，果间距为 15~20 厘米，依果实大小而定。

五、病虫害防治

（一）农业防治

通过栽培管理技术或人工方法，破坏病虫害发生的适宜环境条件，或是直接消灭病虫，能取得化学农药所不及的效果。

（二）物理防治

根据害虫的习性采取机械方法防治害虫。

（三）生物防治

利用天敌、生物和微生物制剂来防治病虫害。

（四）化学防治

化学防治仍是目前病虫害防治的主要方法。在化学防治上应根据防治对象的生物学特性和为害特点，提倡使用生物源农药、矿物源农药，禁止使用剧毒、高毒、高残留、致畸、致癌、致突变农药。

六、果实采收

成熟度对贮藏性影响很大，采摘过早，果实风味差，易受冻害；采摘过晚，果实很快成熟衰老，不耐贮藏。一般用于鲜食贮藏的桃，应在八九成熟时采收；对用于远销的鲜食桃，可稍早些采收；加工用桃，要求绿熟，在七成熟时采收。桃的采收应选择晴天或露水干后的早、晚进行，采摘时带果柄一同摘下，避免产生机械损伤。

第四节 柑橘生产技术

一、建园技术

（一）园地选择

柑橘园地宜选择无明显冻害地段，要求土层深厚、排水透气良好、有机质丰富、灌溉方便、交通便利。丘陵、山地海拔高度在 800 米以下，坡度在 25°以下，冬季有冻害的地区应选择东南坡，排水不良的低洼地和冷空气易停滞的谷地不能建园，在 5°以下的缓坡地、江河两岸及水稻田建园时，必须注意排水。可利用自然屏障及大水体对气温的调节作用，在其周围建园。建园对于周围环境有较高的要求，要求生产的柑橘健壮无病虫害，则必须充分了解周边的空气质量、灌溉水质、土壤环境质量等。

（二）栽植季节

柑橘一般春季 2 月下旬至 3 月中旬春梢萌动前栽植。冬季无冻害的地区可在秋季 10—11 月中旬栽植；春夏 4—5 月春梢停止生长后至夏梢抽生前栽植成活率也高；容器育苗四季均可栽植。

（三）栽培方式

柑橘栽培最常见的间距 4 米×6 米，但当前有一种倾向就是用不同的种植方法使柑橘在后期生长密植，因而 4 米×3 米甚至 4 米×1.5 米的间距也常采用。其种植密度通常每公顷种植 410 株，密植情况下也有每公顷 800 株甚至 1 600 株的。按 1 米×1 米的规格挖定植坑。坑内施入杂草、垃圾肥、腐熟有机肥、过磷酸钙等基肥。可春植，也可秋植。

二、土肥水管理

(一) 土壤管理

柑橘园土壤管理就是要针对柑橘园的特点，采取不同的土壤管理模式，创造有利于柑橘生长发育的水、肥、气、热条件。柑橘果园的土壤管理模式主要包括深翻改土、中耕除草、生草栽培、覆盖等。

(二) 施肥管理

柑橘的施肥，应满足柑橘对营养元素的需求，以有机肥为主，注意氮磷钾和中微量元素肥的平衡用肥，并采用基施、主干涂施和叶面喷施相结合的立体供给方式，合理使用有机、无机、生物肥等肥料。

(三) 水分管理

柑橘园灌溉有4种方式，即沟灌、穴灌、树盘灌和节水灌溉（包括滴灌和微喷灌）。无论哪种灌溉，灌水时间和灌水量都因干旱程度不同而定，一般需要灌水2~5小时，灌水时必须灌透，但又不能过量。合理的灌水量为灌溉使柑橘树主要根系分布层的湿度达到土壤持水量的60%~80%。遇连续高温干旱天气时，每隔3~5天灌溉1次。特别值得注意的是在采果前1周不要灌水。

三、整形修剪

(一) 柑橘常用树形

柑橘常用树形主要包括自然圆头形、自然开心形、矮干多主枝形。

(二) 幼树修剪

1. 抹芽放梢

幼树每年可放春梢、夏梢、秋梢3次梢，其中生长季抹去早发零星的芽，放整齐的夏、秋梢，而春梢任其自然抽生，无需抹芽放梢。

2. 摘心

枝梢过长时，进行摘心，一般新梢长度以 20~30 厘米为宜。

（三）成年树修剪

如果是冬季修剪，一般在果实采收后至春季萌芽前进行。如果是夏季修剪，一般在萌芽以后至果实采收前进行。

冬季修剪时，最多可以剪去总叶量的 20%~25%。夏季修剪时，最多不超过总叶量的 15%。全年修剪去叶量控制在 15%~30%。

如果是大年树，修剪量控制在 20%~25%。如果是小年树，修剪量控制在 15% 左右。如果是稳产树，修剪量控制在 20% 以内。

四、花果管理

（一）保花保果

1. 环剥、环割

幼果期环割是减少柑橘落果的一种有效方法，可阻止营养物质转运，提高幼果的营养水平。对主干或主枝环剥 1 圈，宽度为 1~2 毫米，可取得保花保果的良好效果，且环剥 1 个月左右可愈合。春季抹除春梢营养枝，节省营养消耗也可有效提高坐果率。

2. 防止幼果脱落

目前使用的主要保果剂有细胞分裂素类和赤霉素。幼果横径 0.4~0.6 毫米时即开始涂果，最迟不能超过第 2 次生理落果开始时期，错过涂果时间达不到保果效果。

（二）疏花疏果

柑橘一般在第 2 次生理落果结束后即可根据叶果比确定留果

数，但对裂果严重的朋娜等脐橙要加大留果量；在同一生长点上有多个果时，常采用"三疏一，五疏二或五疏三"的方法；叶果比通常为（50~60）：1，大果型的可为（60~70）：1。

目前，疏果的方法主要为人工疏果，分全株均匀疏果和局部疏果两种：全株均匀疏果是按叶果比疏去多余的果，使植株各枝组挂果均匀；局部疏果系指按大致适宜的叶果比标准，将局部枝全部疏果或仅留少量果，部分枝全部不疏，或只疏少量果，使植株轮流结果。

（三）果实套袋

柑橘果实套袋适期在6月下旬至7月中旬。套袋前应根据当地病虫害发生的情况对柑橘全面喷药1~2次，喷药后及时选择正常、健壮的果实进行套袋。果袋应选抗风吹雨淋、透气性好的柑橘专用纸袋，且以单层袋为宜。采果前15~20天摘袋，果实套袋着色均匀，无伤痕，但糖含量略有下降，酸含量略有提高。

五、病虫害防治

柑橘幼树期的主要病害有炭疽病、根腐病、煤烟病等，夏、秋季新梢可用甲基硫菌灵防治1次；春、夏季若遇流胶病，可先刮除病菌再用甲基硫菌灵涂抹发病部位。

柑橘常见害虫有蚜虫、潜叶蝇、红蜘蛛、介壳虫，新梢后，用啶虫脒、高效氯氟氰菊酯、乙螨唑、螺虫乙酯等防治。夏梢萌发后每隔7~8天用杀螟丹防治1次；冬季清园喷1次石硫合剂防治，这样就可以保证果树的正常生长。

第五节 葡萄生产技术

一、建园技术

（一）园区选择

园区应选择地势偏高、向阳的地段，且土壤肥沃、土层深厚、有机质含量高。另外，排水方便、交通便利也要着重考虑，而避雨栽培的园地则要求南北行种植。

（二）栽植时间

一般葡萄树的栽植时间是在3—4月，也有在9—10月进行栽植的。具体栽植时间，应依据当地的气候条件、栽植条件来定，同时还要考虑到品种的因素。

（三）栽植密度

根据不同地理位置冬季是否需要下架防寒等气候特点，土地类型（山地或平原）、土壤肥力状况、整形方式、架式特点、品种树势等栽植密度有所差别。棚架栽培株行距一般为（1.5~2.0）米×（3.0~6.0）米，每亩栽植株数为56~148株。平地不埋土防寒地区多采用篱架栽培，株行距一般为（1.0~1.5）米×（2.0~3.0）米，每亩栽植株数为148~333株。

（四）栽植方法

1. 挖大穴

在栽植畦中心轴线上按株距挖深、宽各30厘米的栽植穴，穴底部施入几十克生物有机复合肥，上覆细土做成半圆形小土堆，将苗木根系均匀向四周散开，覆土踩实，使根系与土壤紧密结合。栽植深度以原苗木根茎与栽植畦面平齐为适宜，过深会导致土温较低、氧气不足，不利于新根生长，缓苗慢甚至出现死苗现象；过浅会导致根系容易露出畦面或因表土层干燥而风干。

2. 覆膜

栽植后及时覆盖黑色地膜，保证自根苗地上部或嫁接苗嫁接口部位以上露出畦面。黑色地膜具有对土壤保湿、增温、防杂草的作用，对提高成活率有良好效果。

3. 及时灌水和培土堆

栽植后及时灌1次透水。待水渗下后，将苗茎培土堆（黑色地膜覆盖可以不培土堆），高度以苗木顶端不外露为宜。待苗木芽眼开始膨大即将萌芽时，选无风傍晚撤土，以利于苗木及时发芽抽梢。栽后1周内只要10厘米以下土层潮湿不干，就不再灌水，以免降低地温和通气性。以后土壤干燥可随时灌小水。

二、土肥水管理

（一）土壤管理

建园时土壤改良可进行土壤深翻，深度在50~80厘米，深翻的同时，可将切碎的秸秆或农家肥同时施入，压在土下。葡萄园建园以后，对于土壤贫瘠的葡萄园，要进行深翻改土。深翻改土要分年进行，一般在3年内完成。在果实采收后结合秋施基肥完成深翻。在定植沟两侧，隔年轮换深翻扩沟，宽40~50厘米、深50厘米，结合施入有机肥（农家肥、秸秆等），深翻后充分灌水，达到改土的目的。

（二）施肥管理

1. 施基肥

基肥多在葡萄采收后、土壤封冻前施入，一般在9月下旬至11月上旬进行。基肥以迟效性的有机肥为主，种类有圈肥、厩肥、堆肥、土杂肥等。施肥前应先挖好宽40~50厘米、深40~60厘米的施肥沟。沟离植株50~80厘米（具体根据土壤条件和葡萄植株大小而灵活掌握）。沟挖好后，将基肥（堆肥、厩肥、河泥）中掺入部分速效性化肥如尿素、硫酸铵，可使根系迅速吸收利用，增强越冬能力。有时还在有机肥中混拌过磷酸钙、骨粉等，施肥后应立即浇水。

2. 追肥

（1）萌芽前追肥。以速效性氮肥为主，配合少量磷、钾肥。

（2）幼果膨大期追肥。在花谢后10天左右，幼果膨大期追施，以氮肥为主，结合施磷、钾肥（可株施45%复合肥100克）。

（3）浆果成熟期追肥。在葡萄上浆期，以磷、钾肥为主，并施少量速效氮肥，根施、叶面施均可，以叶面追施为主，这对提高浆果糖分、改善果实品质和促进新梢成熟都有重要的作用。采后肥以磷、钾肥为主，配合施适量氮肥，目的是促进花芽发育、枝条成熟，可结合秋施基肥一起施用。最后一次追肥在距果实采收期20天以前进行。

（三）水分管理

1. 灌水

一般成龄葡萄园的灌水，是在葡萄生长的萌芽期、花期前后、浆果膨大期和采收后4个时期，灌水5~7次。同时要注意根据当年降水量的多少而增减灌水次数。成龄葡萄根系集中分布在离地表20~60厘米的栽植沟土层内，灌水应浸润80厘米以上的土壤为宜，并要求灌溉后土壤田间持水量达到65%~85%。常见的灌水方法有沟灌、畦灌、喷灌、滴灌、渗灌等。

2. 排涝

一般葡萄园排水系统可以分为明沟排水与暗沟排水两种。

（1）明沟排水。明沟排水是在葡萄园适当的位置挖沟，通过降低地下水位起到排水的作用。明沟由排水沟、干沟、支沟组成。投资较小，但占地面积较大，容易滋生杂草，造成排水不畅、养护维修困难等。目前，我国许多地区采用这种排水方法。

（2）暗沟排水。暗沟排水是在葡萄园地下安装管道，将土壤中多余的水分由管道排出的方法。其排水系统由干管、支管、排水管组成。优点是不占地，排水效果较好，养护负担轻，便于机械化施工。缺点是成本高、投资大，管道容易被泥沙沉淀物堵塞，植物根系也易伸入管内阻流，降低排水效果。

三、整形修剪

（一）整形方式

目前，我国葡萄的整形方式分为篱架整形、棚架整形。

1. 篱架整形

篱架整形的优点是管理方便，植株受光良好，容易形成，果实品质较好。篱架制作方法是用支柱和铁丝拉成一行行高2米左右的篱架，葡萄枝蔓分布于架面的铁丝上，形成一道绿色的篱笆。根据葡萄枝蔓的排布方式又分为多主蔓扇形和双臂水平整形两种。

2. 棚架整形

棚架是用支柱和铁丝搭成的，葡萄枝蔓在棚面上水平生长。棚架栽培分小棚架和大棚架两种。棚架栽培产量高，树的寿命也长。棚架的缺点是在埋土防寒地区上架下架较为费工，管理不太方便。

（二）葡萄的修剪

葡萄的修剪分为冬季修剪和夏季修剪。

1. 冬季修剪

冬季修剪的理想时间应在葡萄正常落叶之后2~3周内进行，这时一年生枝条中的有机养分已向植株多年生枝蔓和根系运转，不会造成养分的流失。冬季修剪时,根据每年预定产量要求,再按植株生长情况留数,生长势中等的植株每株留 13 个结果母枝,强的适当多留,弱的少留。冬剪常用的方法有短、疏、缩 3 种方法。

2. 夏季修剪

夏季修剪是葡萄整形修剪的重要时期。夏季修剪,可通过抹芽、疏枝、摘心、处理副梢等措施,控制新梢生长,改善通风透光条件,使营养输送集中在结果枝上,从而提高产量和品质,并促进枝条生长和发芽分化,为来年丰产打下基础。

四、花果管理

(一) 疏穗

在葡萄开花前,根据花穗的数量、质量以及产量目标,疏除一部分多余的、发育不好的花穗,使营养集中供应留下的优质花穗,可以提高葡萄坐果率,提高果实品质。

疏穗分两个时期。一是在花序分离期,能分清花序大小、质量好坏时进行。通常去除发育不好、穗小的花穗,留下发育好、穗大的花穗,一般每个结果枝留 1 个花穗,每亩留 1 500~2 000 个花穗(夏黑留 1 000~1 500 个)。二是在花前 1 周将副穗、歧肩疏除,将全穗 1/6~1/5 的穗尖掐去,每穗留 13~16 个小花穗。

(二) 疏果

葡萄开花后 10 天,能明显分清果粒大小时进行疏果,要求疏除病虫果、过大果、过小果、日灼果及畸形果,还要疏除过密果,选留大小一致、排列整齐向外的果粒。果粒大品种如藤稔留 30~40 粒,果粒中等品种如巨峰留 40~50 粒,小粒品种如夏黑留 70~80 粒。

(三)套袋

套袋在葡萄生理落果后（坐果后2周），果粒黄豆粒大小时进行，套袋前要用杀菌剂进行彻底杀菌。葡萄套袋材料一般用专用纸袋，分大、中、小3种规格，可根据果穗大小进行选择。套袋时要注意避开中午高温，防止日灼。袋口要扎紧，防止被风吹落和虫进入。

(四)摘袋

为了促进葡萄浆果着色，深色品种可在采收前1~2周摘袋，其他品种采收前不解袋。摘袋宜选择晴天9:00—11:00，15:00—17:00进行。先撕开袋底开口，隔1~2天后再摘袋。

五、病虫害防治

葡萄常见的病害有炭疽病、白腐病、霜霉病等，虫害有蚜虫、根瘤蚜、介壳虫等。应重在预防，首先需加强清园工作，然后对果树喷洒一些如波尔多液、百菌清等能有效防治病虫害的药物，改善植株的生长环境，最后就是做好对症治疗即可，注意药剂的选择及用量。

第三章 蔬菜生产技术

第一节 番茄生产技术

一、品种选择

（一）露地早熟番茄品种

中杂10号、红玛瑙140、佳粉10号、佳粉15号、双抗1号、京丹2号、利生7号、东农704。

（二）露地中晚熟番茄品种

苏杭3号、佳红、中杂8号、西农72-4、中蔬5号、鲁番茄6号。

（三）保护地春提前栽培的品种

早丰、超群、美国大红、先丰、粉霞、佳粉15。

（四）保护地秋延后番茄品种

西粉3号、毛粉802、双抗2号、加州番茄。

（五）日光温室越冬番茄品种

秋丰、鲁粉2号、毛粉802、中杂9号。

二、整地施基肥

每亩地施入腐熟的有机肥5 000千克，同时加入过磷酸钙50千克，结合翻耕肥土混合，翻耕深度25~30厘米。绿色番茄露地栽培北方春季干旱地区采用平畦栽培,南方多雨地区采用高畦栽培,东北地区一般采用垄作。保护地栽培采用地膜高畦栽培,采用膜下暗灌、膜下滴灌。

三、育苗技术

(一) 种子处理

选种后,晒种 2~3 天,搓掉种子茸毛,用 25 ℃温水浸种 30 分钟后利用高锰酸钾溶液 1 000 倍液或磷酸三钠溶液 10 倍液浸种 20 分钟后,反复冲洗种子上的药液。或用 55 ℃的温水烫种 10 分钟。种子消毒后用 25~30 ℃温水浸种 8~10 小时。在 28~30 ℃条件下催芽,2 天后即可出齐芽。

(二) 床土配制

田土 5 份、腐熟的马粪或厩肥 5 份、炉灰或珍珠岩 1 份,每立方米床土加入 1 500 克复合肥,或磷酸二氢钾 1 000 克加尿素 800 克,另外加入多菌灵或甲基硫菌灵 150~200 克。混合均匀后过筛。

(三) 播种

每亩用种量 30~50 克,播种床面积 6 米^2。在播种盘内播种,覆土厚度 1 厘米。

(四) 苗期管理

1. 温度

播种后保温保湿,气温保持在 25~30 ℃,床土温度 20~25 ℃;3~5 天出齐苗后逐渐进行通风,白天温度 20~25 ℃,夜间 10~12 ℃;分苗后白天 20~25 ℃,夜间 15~18 ℃,土温 15~20 ℃;2~3 天缓苗后进入成苗期,白天 20~25 ℃,夜间 12~14 ℃。

2. 分苗

播种后 25 天,幼苗展开 1~2 片真叶时,把幼苗移栽到营养钵或穴盘中。

3. 水肥管理

在小苗拱土和出齐苗时分别覆土1次，每次0.3厘米厚，小苗移栽到营养钵后不能缺水，要小水勤浇，不控水也不浇大水，保持土壤相对含水率60%。发现幼苗颜色变淡时用0.2%尿素和0.2%磷酸二氢钾溶液喷施叶片。

4. 光照管理

低温季节利用反光幕、人工补光、清洗透明覆盖物、草帘早揭晚盖等措施提高光照强度；高温季节为降低温度遮阴时，只是在中午前后遮阴，也要保证光照强度大于3万勒克斯，光照时数8~16小时。

5. 倒苗

育苗后期小苗拥挤时，及时挪动营养钵加大幼苗间距离，同时，调换大小苗的位置。

6. 秧苗锻炼

低温季节育苗的，定植前7~10天，逐渐加大通风量降低温度。同时控制浇水。后3天温度白天控制在15~20℃，夜间5~10℃。

7. 秧苗消毒

定植前利用75%百菌清可湿性粉剂600倍液或50%代森锰锌可湿性粉剂250~300克/亩喷施秧苗。

8. 苗龄

早熟品种60~70天，中晚熟品种70~80天。苗高20~25厘米，茎粗0.5~0.6厘米，具有8~9片真叶。

四、定植

低温季节选晴天上午栽苗；高温季节选阴天或傍晚栽苗。

露地小架早熟栽培,行距40~45厘米,株距23~26厘米,每亩栽培5 000株;小架中熟栽培,行距50厘米,株距26~33厘米,每亩栽苗4 000株;大架长生长期栽培,行距66厘米,株距33厘米,每亩栽苗3 000株。

保护地栽培,留2~3穗果摘心的小架早熟栽培,行距50厘米,株距27厘米,每亩栽苗5 000株;留3~4穗果摘心的小架早熟栽培,行距50厘米,株距30厘米,每亩栽苗4 400株;不摘心的大架长生长期栽培,行距80厘米,株距40厘米,每亩栽苗2 000株。

五、田间管理

(一) 温度管理

低温季节保护地栽培,刚定植3~4天内不通风,温度30 ℃左右,超过33 ℃通风降温;缓苗后通风降温,白天温度20~25 ℃,夜间15~17 ℃;进入结果期,白天25~28 ℃,夜间15~17 ℃。高温季节栽培主要是降温,尽量避免出现32 ℃以上的高温。利用水帘、遮阳网、微雾等方法实施降温。但注意覆盖遮阳网要在10:00—15:00覆盖,早晚和阴天不覆盖,以免光照不足。

(二) 水分管理

定植时浇透水,勤中耕松土。5~7天后浇1次缓苗水,以后连续中耕松土2~3次,根据品种、苗龄、土质、土壤墒情、幼苗生长情况适当蹲苗。自封顶的早熟品种、大龄苗、老化苗、土壤干旱、砂质土壤的,蹲苗期要短,当第1穗果豌豆大小时结束蹲苗;反之则要长一些,当第1穗果乒乓球大小时结束蹲苗。

进入结果期,要保持土壤润湿状态,土壤含水率达到80%,低温季节6~7天浇1次水,高温季节3~4天浇1次水。灌水要均匀,避免忽干忽湿。保护地栽培要在晴天上午浇水,浇水后要加大通风量。空气相对湿度控制在45%~65%。

（三）光照管理

光照强度3万~3.5万勒克斯以上，低温寡日照时保护地栽培，要采取加反光幕、草帘早揭晚盖、擦洗透明覆盖物、人工补光等措施增强光照。高温季节为防止高温进行遮阴时，也要保证光照的充足，一般只是中午遮阴，早晚和阴天不覆盖。

（四）施肥

小架栽培每株留2~3穗果，可在每穗果乒乓球大小时追肥1次。高架栽培，留果穗数多的，可在第1、第3、第5、第7穗果乒乓球大小时分别追肥1次。结合浇水每次每亩地施腐熟粪肥1 000千克，或腐熟饼肥50千克，或草木灰100千克，或硫酸钾25千克，或钙镁磷肥25千克，上述肥料交替使用。用0.2%磷酸二氢钾和0.3%尿素溶液，3%~5%氯化钙溶液10~15天喷施叶片1次。保护地栽培的进行二氧化碳气体施肥，浓度为800~1 200毫升/米^3。

（五）植株调整

1. 支架

小架栽培架高1米，搭"人"字架；大架栽培架高1.5~1.7米，搭成花架或"人"字高架，保护地栽培可用尼龙绳吊蔓。

2. 整枝

多采用单干整枝，秧苗不足时也可用双干整枝；长生长期栽培时可用连续换头的整枝方式，即留2穗果摘心，利用下部的侧枝代替主枝生长，反复进行多次。

3. 打杈

侧枝生长6~8厘米时，选晴天通风时掰去侧枝，尽量避免接触主干。生长势弱的可在开花后打杈；生长势旺盛的要及时打杈。

4. 摘心

根据留果穗数,穗数达到后,最后一穗果上留 2 片叶后摘心。

5. 打老叶

果实开始转色时,把下层衰老的叶片除去,支架内膛叶片、受光差或见不到光的叶片、变黄的叶片和病叶要及时打去。打老叶要在晴天上午进行。

6. 绑蔓

植株 30 厘米以上,开始开花时在第一穗花下绑蔓,茎和架之间绑成 "8" 字形。每穗果开花时在其下绑一道。采用吊绳的利用吊绳缠绕蔓茎即可。

7. 保花保果

防止出现白天高于 35 ℃,夜间高于 22 ℃ 和低于 15 ℃ 的温度;空气相对湿度控制在 45%~75%。增加光照,调整生长平衡等。

使用手持式振荡器在晴天的下午对已开花朵进行振荡,避免使用激素处理花朵。

六、病虫害防治

(一)病害防治

1. 番茄猝倒病

出苗后发病时,可喷 58% 甲霜·锰锌可湿性粉剂 500 倍液,或 75% 百菌清可湿性粉剂 600 倍液,15% 噁霜灵水剂 450 倍液。

2. 番茄立枯病

发病初期喷 64% 噁霜灵可湿性粉剂 500 倍液,或 36% 甲基硫菌灵悬浮剂 500 倍液。猝倒病和立枯病混合发生时,可用 72.2% 霜霉威水剂 800 倍液加 75% 敌磺钠可湿性粉剂 800 倍液喷淋。

3. 番茄早疫病

喷粉法：于发病初期喷撒5%百菌清粉剂，每亩每次1千克，隔9天喷1次，轮换用药防治3~4次。

熏蒸法：施用45%百菌清烟剂或10%腐霉利烟剂，每亩每次200~250克。

喷雾法：发病前，可选用50%异菌脲可湿性粉剂1 000~1 500倍液、75%百菌清可湿性粉剂600倍液、58%甲霜·锰锌可湿性粉剂500倍液、64%噁霜灵可湿性粉剂500倍液或70%甲基硫菌灵可湿性粉剂800倍液。防治宜早不宜迟，要在发病前后开始用药，以压低前期菌源，有效控制发病。

涂抹法：番茄茎部发病时，可用50%异菌脲可湿性粉剂180~200倍液，涂抹病部，必要时还可配成油剂，效果更好。

4. 番茄晚疫病

熏蒸法：每亩用45%百菌清烟剂200~250克，预防或熏治。

粉尘法：每亩每次喷洒5%百菌清粉剂1千克。

喷雾法：在发病初期，可选用喷洒72.2%霜霉威水剂800倍液、40%甲霜铜可湿性粉剂700~800倍液、64%噁霜灵可湿性粉剂500倍液、70%乙磷·锰锌可湿性粉剂500倍液，每亩用兑好的药液50~60升。

5. 番茄灰霉病

熏蒸法：温室番茄发病初期，施放3%噻菌灵烟剂，每100米^{3}用量50克；或用10%腐霉利烟剂、45%百菌清烟剂，每亩每次250克熏一夜，隔7~8天用1次。视病情与其他杀菌剂轮换交替使用。

喷雾法：定植前用50%腐霉利可湿性粉剂1 500倍液或50%多菌灵可湿性粉剂500倍液喷淋番茄苗，要求无病苗进棚；第一穗果开花时，用50%腐霉利可湿性粉剂、50%异菌脲可湿性粉剂或50%多菌灵可湿性粉剂,进行蘸花或涂抹,使花器着药;在浇催果水前1天用药,以后视天气情况而定。

生物防治:可用2%武夷菌素水剂150倍液喷施。

6. 番茄叶霉病

熏蒸或喷粉法:发病初期用45%百菌清烟剂每亩每次250~300克熏一夜,或于傍晚喷撒7%叶霉净粉剂、5%百菌清粉尘剂或10%敌托粉尘剂,每亩每次1千克,隔8~10天防治1次,连续或交替轮换使用。

喷雾法:可在发病初期喷洒50%多·硫悬浮剂700~800倍液、50%硫黄悬浮剂300倍液、70%甲基硫菌灵可湿性粉剂800~1 000倍液,每亩喷兑好的药液50~65升,隔7~10天喷1次。

生物防治:可用2%武夷菌素水剂100~150倍液喷雾。

7. 番茄菌核病

烟雾法或粉尘法:棚室于发病初期,每亩用10%腐霉利烟剂250~300克熏一夜,也可于傍晚喷撒5%百菌清粉剂,每亩每次1千克,隔7~10天喷1次。

喷雾法:于发病初期喷洒40%菌核净可湿性粉剂500倍液、50%腐霉利可湿性粉剂1 500~2 000倍液、50%异菌脲可湿性粉剂1 500倍液、50%多菌灵可湿性粉剂500倍液或70%甲基硫菌灵可湿性粉剂800倍液,每亩喷药60~70升。

8. 番茄白绢病

可用50%多菌灵可湿性粉剂1千克加细干土40千克混匀后撒施于茎基部土壤上,或喷洒50%多菌灵可湿性粉剂500倍液、40%多·硫悬浮剂、70%甲基硫菌灵悬浮剂800倍液或20%三唑酮乳油2 000倍液,隔7~10天喷1次,此外,也可用75%敌磺钠可湿性粉剂500倍液于发病初期灌穴或淋施1~2次。

9. 番茄枯萎病

发病初期喷洒50%多菌灵可湿性粉剂或70%甲基硫菌灵悬浮

液800倍液，此外，可用12.5%增效多菌灵浓可湿性粉剂200倍液灌根，每株灌药液250毫升，隔7~10天喷1次，连续灌2~4次。

上述每种有机合成的药剂在蔬菜一个生育期内只能使用1次，并要严格遵守安全用药规定，必须在各药剂安全间隔期采收。

(二) 虫害防治

1. 棉铃虫、烟青虫

可选用2.5%氯氟氰菊酯乳油4 000倍液、2.5%联苯菊酯乳油1 500倍液、25%增效喹硫磷乳油1 000倍液等。

2. 朱砂叶螨

在发生初期，可选用20%甲氰菊酯乳油2 000倍液、20%哒螨灵可湿性粉剂2 000倍液、20%双甲脒乳油1 000~1 500倍液等药剂。

3. 桃蚜

可选用50%抗蚜威可湿性粉剂2 000~3 000倍液、40%氰戊菊酯乳油4 000倍液、2.5%溴氰菊酯乳油3 000倍液、20%菊·马乳油2 000倍液、10%敌畏·氯氰乳油4 000倍液、4.5%高效氯氰菊酯乳油3 000倍液等防治。

上述每种有机合成的药剂在蔬菜的一个生长周期内只能使用1次，并要严格遵守安全用药规定，必须在各药剂安全间隔期采收。

七、采收

长途运输可在绿熟期（果实绿色变淡）采收；短途运输可在转色期（果实1/4部位着色）采收；就地供应或近距离运输可在成熟期（除果实肩部外全部着色）采收。

第二节 黄瓜生产技术

一、品种选择

黄瓜栽培应根据不同季节选用不同品种。如冬春茬黄瓜应选前期耐低温、后期耐热、丰产、优质、早熟抗病的品种,以津绿1号、津春3号、津绿3号、中农202为宜。秋黄瓜应选苗期耐热,后期耐低温、丰产、优质、抗病的品种,以津优1号、津绿5号、津优3号为宜。

二、整地施基肥

(一)选地

黄瓜栽培应选择地势较高、向阳、富含有机质的肥沃土壤,并在定植前20天,选择晴天扣棚以提高棚内温度。不宜与瓜类作物连作,最好是冬闲大田,前作收获后早翻土烤晒或冻垡。

(二)施基肥

亩施生石灰100千克、优质腐熟堆肥4 000~5 000千克、饼肥60千克、复合肥50千克,饼肥在整地时铺施,复合肥与腐熟堆肥混合后施入定植沟。有条件的地区,可选用功率为1 000瓦的电加温线纵向铺设在定植沟底;若没有,则要在作畦后覆盖地膜以保温。

(三)作畦

定植前10天左右作畦,双行种植,畦宽为1.6米包沟,单行种植,畦宽1.0米,做成龟背形高畦,畦高30厘米。

三、育苗技术

(一)苗床制作

培养土配方:3年未种过黄瓜的肥沃园土或大田土5份,充分腐熟的猪粪渣3份,炭化谷壳2份,每平方米再加入50%硫菌灵可湿性粉剂或50%多菌灵可湿性粉剂80~100克,25%敌百虫可湿性粉剂60克,掺和后过筛备用。

黄瓜一般于2月上、中旬于大棚内播种育苗。采取电热加温育苗,播期可在12月下旬至翌年1月中、下旬,电热加温功率选取60~80瓦/米^2,其中播种床80瓦/米^2,分苗床60瓦/米^2,每亩需种量为250~350克,苗床播种量为50~70克/米^2。

(二)催芽播种

浸种可用热水烫种法或药剂消毒浸种法。浸种处理后的种子要迅速移入培养箱中催芽,70%的种子露白时即可播种。

播种时,应选温度较高的中午,先把苗床浇透底水,待水渗下后,再把刚催好芽的种子均匀播在床面上,覆盖1~1.5厘米厚营养土,薄浇面水,并盖好塑料地膜。

播种后7~10天,幼苗破心后及时分苗。在苗龄1叶1心和2叶1心时,各喷一次200~300毫克/千克的乙烯利,可促进雌花增多,节间变短,坐瓜率高。若使用了乙烯利处理,田间应加强肥水管理,当气温达15℃以上时要勤浇水施肥,不蹲苗,一促到底,施肥量增加30%~40%,中后期用0.3%磷酸二氢钾进行3~5次叶面喷施。

有条件的,可采用穴盘育苗,一次成苗。

四、定植

高温消毒,定植前清理干净前茬作物的残体烂叶以及杂草等,密闭棚室,保持棚室内较高的温度,利用太阳能对土壤高温消毒3天以上,之后大通风。

当10厘米土温稳定在12℃以上,棚室内夜温不低于8℃时即可定植。保温条件好的日光温室在1月中、下旬,越冬大棚加设两层幕和地膜覆盖可在4月初,单层大棚在4月中、下旬定植。定植要选晴天进行。

定植方法:定植沟可提前3~5天开出晒土,提高地温。株距25~28厘米,每畦双行栽培,畦面上开沟,随水栽苗,穴施磷酸二铵作口肥,每株4克左右。栽苗时覆土宜与幼苗土坨持平,表土半干后,中耕松土2~3次,由浅渐深,并在畦面中心开浅沟,向两侧培土,畦面做成马鞍形,覆盖地膜,浇水时沿畦面中心开出的浅沟进行膜下暗灌。

五、田间管理

(一)温湿度调节

定植后5~7天一般不通风,可用电加温线进行根际昼夜连续或间隔加温促缓苗,缓苗后在晴天早晨要使棚内气温尽快升到20℃以上,中午最高温度尽量不超过35℃,15:00以后,要适当减少通风,使前半夜气温维持在15~20℃,午夜后10~15℃。

中后期要注意高温危害。一是利用灌水增加棚内湿度;二是在大棚两侧掀膜放底风,并结合折转顶膜换气通风。通风一般是由小到大,由顶到边,晴天早通风,阴天晚通风,南风天气大通风,北风天气小通风或不通风。晴天当棚温升至20℃时开始通风,下午棚温降到30℃左右停止通风,夜间棚温稳定通过14℃时,可不关顶膜进行夜间通风。

(二)水肥管理

黄瓜好肥水,在施足基肥的基础上,结合灌水选用腐熟人粪尿和复合肥进行追肥。追肥应掌握勤施、薄施、少量多次的原则，晴天施肥多、浓，雨天施肥少、稀，一般在黄瓜抽蔓期和结果初期追施2次0.2%~0.3%的复合肥，每次每亩15~20千克，也可用1%尿素进行叶面喷施。到结果盛期结合灌水在两行之间再追2~3次人粪尿，每次每亩约1 500千克，或复合肥5千克，注意地湿时不可施用人粪尿。

定植时轻浇一次压根水，3~5天后浇1次缓苗水，缓苗后至根瓜采收前适当灌水，浇2~3次提苗水，保持土壤湿润。进入采收期，外界温度逐渐升高，应勤浇多浇，保持土壤高度湿润。但要使表上湿不见水、下不裂缝、不渍水，每隔3天左右浇1次壮瓜水。灌水宜早晚进行，降雨后及时排水防渍。

（三）激素应用

坐瓜期使用对氯苯氧乙酸，主要作用在于防止或减少落花与化瓜，提高坐瓜率，增加早期产量，使用浓度为100~200毫克/千克，使用方法是在每一雌花开花后1~2天，用毛笔将稀释液点到当天开放的新鲜雌花的子房或花蕊上。也可进行人工授粉，于8:00—10:00，摘取当日开放的雄花去掉花瓣，用花粉涂抹在雌花柱头上，促进坐瓜。

（四）二氧化碳施肥

使用时间从日出后1小时开始，到日出后2小时左右棚内气温达28℃时即停止，停施2小时后开始通风，下午和阴雨天不施。施用浓度为1 000~1 500毫克/千克。二氧化碳的来源，可采用烧焦炭的二氧化碳发生器，使用二氧化碳气体钢瓶或应用二氧化碳干冰，也可采用化学发生剂或增施大量含碳量高的有机肥料。每100米^{2}大棚内用540克碳酸氢铵与330克硫酸反应生成，设5~7个发生点，用塑料盆悬挂与生长点平行，从缓苗起开始施用，每天1次，到结瓜盛期末结束。

(五) 整枝绑蔓

黄瓜于幼苗 4~5 片叶开始吐须抽蔓时设立支架，可设"人"字架。大棚栽培也可在正对黄瓜行向的棚架上绑上竹竿纵梁，再将事先剪断的纤维带按黄瓜栽种的株距均匀悬挂在上端竹竿上，纤维带的下端可直接拴在植株基部处。当蔓长 15~20 厘米时引蔓上架，并用湿稻草或尼龙绳绑蔓，以后每隔 2~3 节绑蔓 1 次，一般要连续绑蔓 4~5 次，绑蔓时要摘除卷须，绑蔓宜于下午进行。

植株调整应在及时绑蔓的基础上，采取"双株高矮整枝法"。即每穴种双株，其中一株长到 12~13 节时及时摘心，另一株长到 20~25 节时摘心。如果是采取高密度单株定植，则穴距缩小，高矮株摘心应间隔进行。黄瓜生长后期，要打掉老叶、黄叶和病叶等，利于通风。

六、病虫害防治

黄瓜主要病害是霜霉病、枯萎病和白粉病等，防治措施应将选用抗病品种、调节环境条件和药剂防治三者结合起来。主要虫害是黄守瓜、瓜蚜和瓜绢螟等。注意采收前 15 天停止用药，主要通过加强田间管理，采用生物方法或物理方法防治病虫害的发生。

七、采收

黄瓜定植以后，一般 25~30 天即可采收。采收的标准：从长度上来说，大概是 10~25 厘米；从粗细上来说，大概 2~3 厘米；从重量上来说，一般早期黄瓜 100 克左右就可以采收，到中期，也就是结瓜盛期，达到 200 克左右就可以采收，到后期植株逐渐衰老，瓜条 150 克左右的时候采收。当然这些标准不是绝对的，主要还是看品种。

第三节 茄子生产技术

一、品种选择

（一）露地茄子品种选择

1. 早熟品种

适合春季早熟栽培。品种有早小长茄、辽茄1号、黑美长茄、龙茄1号。

2. 晚熟品种

适合夏季或秋季栽培。品种有紫长茄、高唐紫圆茄、北京大海茄、济丰3号、北京灯泡茄、安阳紫圆茄。

（二）保护地茄子品种选择

1. 早熟品种

适合早春大小棚栽培。品种有鲁茄1号、辽茄2号、辽茄3号、沈茄1号、线茄、94-1早长茄。

2. 中熟品种

适合日光温室越冬栽培和大棚早春茬栽培。品种有青选长茄、齐茄1号、齐茄2号、吉茄1号、绿茄、成都墨茄、济杂长茄、湘杂5号。

3. 晚熟品种

适合温室大棚秋冬茬和越冬栽培。露地的晚熟品种均适合。

二、整地施基肥

选择土层深厚、富含有机质、保水保肥、排水良好的土壤，要同非茄科蔬菜实行5年以上的轮作。

茄子应在定植前施用有机肥，每亩施用有机肥 5 000~7 500 千克，保护地栽培期长的茄子每亩施用有机肥 1 万~1.5 万千克、饼肥 150 千克、磷酸二铵 50 千克。

三、育苗技术

（一）种子处理

1. 选种晒种

将种子于室外强光下暴晒 8 小时。选种时把种子放入 1%盐水中充分搅拌，捞出下沉饱满的种子并洗净。

2. 种子消毒及浸种

用福尔马林溶液 300 倍液浸泡 10~15 分钟，用水反复清洗。消毒后的种子放入 20~30 ℃水中浸种 10~12 小时。

3. 催芽

在 25~30 ℃下催芽，5~6 天出苗，最好选择每日 16 小时 30 ℃、8 小时 20 ℃的变温催芽。

（二）床土配制

大田土或葱蒜茬土 4 份、腐熟的马粪或厩肥 4 份、炉灰或珍珠岩 1 份。每 1 米^3 床土中加入腐熟大粪干或鸡粪干 20~25 千克、草木灰 5~10 千克、尿素 1 千克、过磷酸钙 1 千克，混合过筛。

（三）播种

每亩用种量 35~50 克，播种面积 2.5 米^2。种子播入育苗盘内，覆土厚度 1 厘米，覆盖塑料薄膜保温保湿。低温季节在晴天中午进行。

（四）苗期管理

1. 温度

播种后白天 25~30 ℃，夜间 20~22 ℃，苗床地温 16~

20 ℃。

2. 覆土

幼苗出齐时在晴天中午向苗床覆土1次，3~5天后再覆土1次，每次厚度为0.3厘米。床土干燥覆湿土，床土湿度大时覆盖干土。

3. 分苗

在2~3叶期，幼苗移栽到营养钵或72孔穴盘内。

4. 水肥管理

分苗前保持床土见干见湿，表土见干时用喷壶喷水，避免床土积水；分苗时浇足水，成苗期保持土壤湿润。发现幼苗黄弱缺肥时，用0.2%尿素和0.2%磷酸二氢钾溶液交替喷施。

5. 倒苗

育苗后期营养钵育苗的，秧苗植株间叶片相接触时，移动秧苗位置加大苗距，并调整大小苗的位置。

6. 秧苗锻炼

定植前7~10天逐渐增加通风量，降低苗床内的温度。

7. 秧苗消毒

定植前2~3天，用75%百菌清可湿性粉剂600倍液喷施。

四、定植

露地早熟栽培，行距45~55厘米，株距33~40厘米，每亩种3 500~4 000株。中晚熟栽培，每亩种2 500~3 000株。

五、田间管理

（一）温度管理

苗期白天25~30 ℃，夜间温度不要低于12 ℃。开花结果期进行变温管理，上午25~30 ℃，下午28~20 ℃，上半夜20~

13 ℃，下半夜 13~10 ℃。土壤温度 15~20 ℃。

（二）水分管理

定植水浇足后，要控制浇水实行蹲苗。长到 2~3 厘米时，蹲苗结束。低温季节 10~15 天浇 1 次水，高温季节 5~6 天浇 1 次水，空气相对湿度 80%。

（三）光照管理

茄子的光饱和点为 4 万勒克斯，补偿点为 2 000 勒克斯。

（四）施肥

每亩施入磷酸二铵 20 千克，硫酸钾 8~12 千克，或腐熟有机肥 1 000~1 500 千克。

（五）植株调整

把门茄以下的侧枝除去，后期除去植株底部的老叶、黄叶和病叶。

六、病虫害防治

（一）病害防治

1. 茄子黄萎病

发病初期，可选择浇灌 50% 敌磺钠可溶性粉剂 250~500 克/亩，或选用 50% 多菌灵可湿性粉剂 500 倍液、50% 多菌灵可湿性粉剂 1 000 倍液、30% 琥胶肥酸铜可湿性粉剂 350 倍液，每株灌兑好的药 0.5 升。

2. 茄子病毒病

选用 1.5% 烷醇·硫酸铜可湿性粉剂 500 倍液、10% 混合脂肪酸（83 增抗剂）水乳剂 100 倍液，隔 10 天左右喷 1 次，轮换用药防治 2~3 次。

3. 茄子软腐病

选用 50% 琥胶肥酸铜可湿性粉剂 500 倍液、77% 氢氧化铜可湿性粉剂500倍液、47%春雷霉素可湿性微粒粉剂800~1 000倍液、30%碱式硫酸铜悬浮剂400倍液。

(二) 虫害防治

1. 茶黄螨

选用20%氯·马乳油2 000~3 000倍液、20%哒螨灵可湿性粉剂2 000倍液、5%噻螨酮乳油2 000倍液、20%双甲脒乳油2 000倍液、2.5%联苯菊酯乳油3 000倍液、25%增效喹硫磷乳油800~1 000倍液等,均能有效防治。

2. 茄黄斑螟

在幼虫发生时,可采用化学药剂防治,如20%氰戊菊酯乳油2 000倍液、21%氰戊·马拉松乳油3 000倍液等。

七、采收

早熟品种开花后20~25天就可以采收。

第四节 西葫芦生产技术

一、品种选择

设施西葫芦的栽培方式有:秋冬茬,多在8月下旬育苗或直播,9月中旬定植,国庆节后上市,采收至12月结束;越冬茬,多在9月下旬到10月上旬育苗,11月上、中旬定植,12月中旬开始采收,直到第二年6月采收结束;冬春茬,12月下旬1月上旬育苗,2月初定植,3月上旬上市,至6月结束。

由于栽培茬口和消费习惯不同,对品种的要求不同。冬春茬栽培要求品种早熟性强,幼苗耐寒性好,提早上市是关键;越冬茬栽培要求品种耐低温、弱光能力强,气温回升后能迅速恢复生长，后期不衰；秋冬茬栽培要求品种前期耐热、高抗病毒病、后期耐低温弱光。

近年来，各地推出的西葫芦新品种较多，在选择品种时，除了注意品种的适应性和丰产性之外，还要在瓜皮颜色上注意选择符合当地群众消费要求的品种。

二、育苗技术

（一）育苗设施

一般冬春季育苗，因气候寒冷，需要增温、保温、防寒设施；夏秋季育苗，因高温多雨，则需遮阴、防雨、降温设施。常规育苗设施主要有以下几种。

温室育苗：主要在寒冷的冬春季采用日光温室冬春栽培，或塑料大棚早春栽培育苗。通常在温室中部、中柱前1米、温度高、光照好的地方作育苗畦，可提高地温。育苗床底部还可以铺设电热线。

冷床、温床育苗：主要采用塑料大中小棚、改良阳畦以及地膜覆盖来培育壮苗。因冷床仅能利用太阳能增温，故温床性能比冷床好，育苗质量高。

遮阴棚育苗：一般在夏秋高温多雨季节采用塑料薄膜大棚进行秋延后茬以及日光温室秋冬茬西葫芦栽培。通常在育苗畦上搭小拱棚，上覆遮阳网降温，下雨时覆盖塑料薄膜防雨。

（二）播种前的准备

1. 营养土的配制

育苗营养土是幼苗生长的基质，也是幼苗所需养分的来源。营养土配制的好坏直接影响幼苗生长的质量。营养土要求土质疏松，通透气好，保水保肥能力强，富含有机质和无机养分。通常用未种过瓜类的田土和腐熟的农家肥配制。一般营养土的配制比例为：肥沃的田土6份、腐熟的马肥或圈肥4份，混匀过筛之后，每1米^{3}加入捣碎的腐熟鸡肥15~20千克、过磷酸钙3千克、草木灰10千克，或者加三元复合肥5千克、多菌灵80克对土壤进行杀菌，堆放7天后使用。西葫芦的根系较易木栓化，再生能力弱，伤根后较难恢复。因此要求护根育苗，其方法有以下几种。

营养土方育苗：营养土方制法较多。将配好的营养土用水和泥，并在苗床上撒一层细沙和炉灰，然后把和好的营养土放入苗床摊开抹平，用刀切成10厘米×10厘米×10厘米或12厘米×12厘米×12厘米的土方；也可将配好的营养土直接铺在苗床上，然后浇透水，待水渗入后用薄板刀按10厘米^{3}或12厘米^{3}的株行距切割成土块；也可用磨具或机具压制营养土方，规格整齐一致，效率高。

纸袋（纸筒、纸杯）：用废旧书或报纸做成高10厘米、直径10~12厘米的圆筒杯，装入营养土后靠紧摆在苗床内，要求杯的高度一致，杯与杯之间的间隙用土封严，摆满育苗畦后，苗床浇透水，水渗后既可播种。纸袋的育苗效果较营养土方好，取苗、运苗也不易松动根系。

塑料营养钵：塑料营养钵是生产厂家用聚乙烯压制成的专门用于蔬菜、花卉育苗的容器，有多种规格，西葫芦育苗采用10厘米×10厘米×8厘米或12厘米×12厘米×8厘米的塑料营养钵。其优点是装土方便，取苗运输时不易伤根，并且可多次使用。

2. 种子处理

西葫芦种子表皮上常附有多种病原菌，带菌的种子播种后，会导致幼苗或成株发生病害，所以播种前须进行消毒。常用消毒方法有以下几种。

干热消毒：该方法有良好的消毒作用，尤其是对侵入种子内部的病菌和病毒有独特的消毒效果。方法是将干燥的种子放在 70 ℃的干热条件下处理 72 小时，然后浸种催芽。处理时种子含水率要低，升温、降温要慢，并且要密切温湿度的变化，否则影响种子的生活力。

药剂消毒：用 50%多菌灵可湿性粉剂 500 倍液浸种 1 小时；用种子重量 0.3%的 50%福美双可湿性粉剂浸种 40 分钟；用福尔马林溶液浸种 30~60 分钟。取出后，将种子用清水冲洗干净，然后浸种催芽。

温汤浸种：该方法被广泛应用，不仅可以杀死附在种子表面的病原菌，还能杀死浸入种子内部的病原菌，并有促进种子吸水的作用。方法是将种子体积 4~5 倍的 55~60 ℃温水倒入盛有种子的容器中，并不断搅拌，在浸种容器中放入温度计观察水温变化，当水温下降时加入热水，使水温稳定在 55~60 ℃，10~15 分钟后，不再加入热水，但仍不断搅拌，使水温下降至 30 ℃，停止搅拌，然后在此水温下浸种。

消毒后的种子即可催芽，可参考以下方法。

浸种催芽：经消毒的种子放在 25~30 ℃的温水中浸种 4~6 小时，搓洗种子表面上的黏液，用温水冲洗干净并除去多余水分，稍风干，用干净的湿纱布或湿毛巾包起，放入瓦盆等容器中于 25~30 ℃处催芽，催芽期间每天用温水淘洗 1~2 次，淘洗后继续催芽。1~2 天后，芽长 0.3~0.5 厘米即可播种。

抗寒锻炼：越冬栽培为增强幼苗的抗寒性，催芽过程中可将种皮已开裂而胚根尚未露出的种子放在 0 ℃条件下，处理 1~2 天后，置适温条件下继续催芽；也可将萌动的种子放在 -4~-2 ℃的冷冻环境中 2~3 小时，然后用冷水解冻。再置室温条件下继续催芽。经锻炼的种子，发芽粗壮，幼苗抗寒能力增强，并有早熟增产的效果。催好芽的种子，遇阴天等不能立即播种时，可将发芽的种子置10℃左右低温下控制芽的伸长,待晴天再播。

3. 播种贴小芽法

将芽长0.3~0.5厘米的发芽种子直接播于浇过透水的营养土方或钵的中央,每个土方(钵)播1粒种子,胚根向下,播种后覆过筛土2~3厘米,并用营养土封严畦面。为加快出苗。在苗床覆盖地膜,以增温保温。幼芽顶土时及时撤除地膜。此法育苗简单,但寒冷季节出苗时间长,不整齐,甚至造成幼苗子叶畸形与烂籽,而温度高时易于徒长。

包衣种子育苗法:目前市售的国外种子和国内新品种多采用包衣种子,提高幼苗的抗逆性。包衣的种子不能催芽,否则会影响发芽率。为了育出整齐一致的幼苗,一般先将包衣种子播于浇过透水装有细沙、炉灰或蛭石的育苗盒内,覆土后盖上塑料薄膜,然后将育苗盒放在温室中较温暖的地方。幼苗出土后除去塑料薄膜,将发芽的种子移到营养土方或钵中,浇少量水。该法也可在寒冷季节地温低、出苗困难情况下浸种催芽用。

(三)苗期管理

温度管理:播种至出苗,应保持较高的温度,白天温度在28~30℃,夜间18~20℃,3~5天幼苗可出土。子叶展平后,应及时降温,白天20~25℃,夜间10~15℃,以防幼苗徒长,第1片真叶完全展平到定植前7~10天,白天温度适当提高至22~28℃,夜间8~13℃,地温保持在15℃以上,一方面可促进根系生长,另一方面较大的昼夜温差可促进花芽分化和防止幼苗徒长。

夏秋季育苗,苗期温度管理的关键是遮阴、降温、防蚜虫,以免发生病毒病。

光照管理:冬春季保护地育苗日照短,有利于雌花分化,但光照弱不利于幼苗的健壮生长,在光照调节上应以增强光照为原则。一是在保证温度的要求下,草苫应早揭晚盖,以延长光照时间,经常保持塑料薄膜清洁,以提高透光率。二是温室、塑料大棚育苗时,可在苗床北侧张挂反光幕,提高苗床的光照强度。三是采取人工补光措施,补光的灯源可用白炽灯、日光灯、农用高压汞灯等。光源的高度以距幼苗顶部 60~70 厘米为宜。夏季育苗时,自然光照时间长,不仅幼苗易患病毒病,而且不利于雌花分化。育苗时应遮阴降温,防止病毒病的发生,并人为缩短光照时间,即在早晨人为缩短光照 1~2 小时,以促进雌花分化。

水肥管理:播种前浇透水,苗期一般不必再浇水;若苗期床土过干,可在晴天适当喷点水。为促进幼苗生长和雌花分化,可进行叶面追肥,一般苗期根据幼苗生长情况,喷施 0.2%~0.3% 磷酸二氢钾或 0.3%尿素以及其他微量元素溶液 1~2 次。

病虫害防治:幼苗期容易发生蚜虫和白粉虱为害,应及时用吡虫啉等进行防治。在第 1 片真叶展开后喷施 10%混合脂肪酸(83 增抗剂)水溶剂 100 倍液,每 7 天防治 1 次,连续 2 次,可预防病毒病的发生。

三、整地施肥

(一) 设施准备

初建棚或于棚外育苗的,要于定植前 15 天扣好棚,以提高棚内气温和地温。老棚内有前茬作物的,要及时灭茬,之后要闭棚灭菌。要利用温室夏闲时期,进行土壤晾晒和高温闭棚灭菌。当上茬作物收获后,立即清除残枝残叶、杂草等地表所有杂物,然后深翻暴晒,并于定植前 7 天闭棚用烟雾剂熏蒸灭菌,以减少棚内墙缝、地表、支架物上附着的病原菌。

(二) 整地、施基肥、作畦

西葫芦根系发达,入土较深,植株生长快,生长期长,产量高，因此种植西葫芦应选择疏松肥沃的日光温室，在土壤空闲时应深翻，深度30厘米左右，按无公害西葫芦栽培对肥料的要求，施入符合规定的优质有机肥，每亩施厩肥10 000千克，将2/3撒施地面，再深翻细耙1次。作畦时，将剩余的1/3农家肥与过磷酸钙100千克、硫酸钾30千克混合均匀后，结合起垄作畦施入畦内并掺匀耙平。

起垄时多采用大小行起垄，畦宽1.8~2.0米，大行宽1.2~1.3米，小行宽0.6~0.7米，大小行相间排列。在小行上作垄，垄高12~15厘米，株距50~60厘米，两行交错定植。起垄栽培能加厚土壤耕层，土质疏松，通透性好，营养集中，并有利于土壤增温。起垄栽培还有利于排水灌水，避免土壤板结，也有利于田间通风透光，提高光合能力。同时也比平畦栽培便于覆盖地膜和搭架吊蔓。

四、定植

定植前10~15天扣地膜。定植要选择晴天上午进行，要选择健壮苗，并把大小苗分开。大苗栽到东西两端和前部，小苗栽到温室中间。定植时按株距用刀片划破地膜呈"十"字刀口，然后开穴，把苗坨放入穴中，填土围坑，并用细土封严地膜上的刀口。定植后，顺沟浇大水，以满足植株缓苗和结瓜前植株生长发育的需要。

五、田间管理

西葫芦田间管理主要包括中耕除草、水肥管理、整枝搭蔓、人工授粉等。

（一）中耕除草

西葫芦定植1个星期后，中耕除草2次，中耕结合浇水一起,每隔1个星期进行1次。

(二) 水肥管理

每个星期浇水1次,见土干浇水,在第1次开花时停止浇水,果实开始发育时逐渐增加水分施浇,保持地面不干不湿。追肥方面,在种植前已经施足底肥,一般苗期不用施任何肥料,直至开花施1次氮磷钾肥或者复合肥30千克,可以和腐熟粪水冲开一起施浇,效果更好。在开花的时候可以喷0.3%磷酸二氢钾叶面肥,每个星期喷1次,连喷2次,之后根据生长和采收情况施肥。

(三) 整枝吊蔓

西葫芦在管理阶段需要整枝搭蔓,枝苗生长旺盛时需要蹲苗去除侧芽侧枝,控制徒长。结瓜过多时要疏瓜,一般以2叶1瓜为合适,多余的去掉。同时,把老叶、病叶、弱瓜都剪掉,拿到远处处理掉。吊蔓防止坠秧,用大一点竹子插入土中,再用绳子吊蔓,绳子要松紧适合。

(四) 人工授粉

在春季开花时候,气温时低时高,有时候没有蜜蜂采花粉,这时需要人工授粉,授粉应选择在8:00—10:00,摘取当日开放的雄花去掉花冠,在雌花柱头上轻触涂抹。

六、病虫害防治

(一) 病害防治

1. 西葫芦病毒病

植株上部叶片沿叶脉失绿,并出现黄绿斑点,渐渐全株黄化,叶片皱缩向下卷曲,节间短,植株矮化。枯死株后期花冠扭曲畸形,不能结瓜或瓜小而畸形。苗期4~5片叶时开始发病,新叶表现明脉,有褪色斑点,继而花叶,有深绿色疱斑,重病株顶叶畸形鸡爪状，病株矮化，不结瓜或瓜表面有环状斑或绿色斑驳、皱缩、畸形。

（1）农业综合防治。①选用抗病品种，各地可因地制宜选用。②从无病田无病瓜采种，与非瓜类作物实行3年轮作。③坐瓜前，采用小弓子简易覆膜栽培，可防病促早熟。

（2）物理防治。田间可铺挂银灰膜避蚜。

（3）化学防治。及时防治蚜虫，蚜虫迁飞前铲除瓜田周围的杂草并用药防治，可选用10%吡虫啉可湿性粉剂3 000倍液、20%菊·马乳油2 000倍液、20%复方浏阳霉素乳油1 000倍液等防治。于发病初期，喷洒20%盐酸吗啉胍·铜（病毒A）可湿性粉剂500倍液或1.5%烷醇·硫酸铜乳油1 000倍液，间隔10天喷1次，连续防治2~3次。

2. 西葫芦灰霉病

主要为害花、幼瓜、叶片和茎蔓。多从开败的雌花侵入，使花瓣腐烂，进而发展到幼瓜。初期脐部呈水渍状，随后软腐萎缩，湿度大时花和幼瓜上都形成密厚的灰色霉层。叶片发病，常出现近圆形较大病斑，有少量灰霉；为害茎蔓，常引起茎腐烂、折茎。

（1）农业综合防治。①控制温室内的温度和湿度。灰霉病首先要调控好温室内的温度和湿度，要利用温室封闭的特点，创造一个高温、低湿的生态环境条件，控制灰霉病的发生与发展。及时摘除开败的花冠。②生态防治。采用高畦覆地膜或滴灌栽培；生长前期及发病后应控制浇水，适时放风，晚间室外温度大于16 ℃时也可放风降温；在适当时候使温度提高到33 ℃，采取闷棚灭菌。

（2）化学防治。定植前，每亩用20%腐霉利烟剂或20%噻菌灵烟剂0.5~1.0千克，熏闷12~24小时；或用50%腐霉利可湿性粉剂 600 倍液、30%烯酰·甲霜灵水分散粒剂 60~100 克/亩对地面、墙壁、棚膜等进行细致消毒。

3. 西葫芦白粉病

主要为害叶片，叶柄和茎为害次之，果实较少发病。叶片发病初期，产生白色粉状小圆斑，后逐渐扩大为不规则的白粉状霉斑，病斑可连接成片，受害部分叶片逐渐发黄，后期病斑上产生许多黄褐色小粒点。发生严重时，病叶变为褐色而枯死。

控制室内湿度，早放风，晚排风，排出温室内湿气。轻微发病时，用 40%粉唑醇·嘧菌酯悬浮剂 1 000 倍液喷施，5~7 天用药 1 次；严重时用 40%粉唑醇·嘧菌酯悬浮剂 750 倍液喷施，3 天用药 1 次，喷药次数视病情而定。

（二）虫害防治

1. 美洲斑潜蝇

采收后，清除植株残体沤肥或烧毁，深耕冬灌，减少越冬虫口基数；施用腐熟的农家肥，以免招引种蝇产卵。产卵盛期和孵化初期是药剂防治适期，应及时喷药，可采用 80%敌百虫可溶性粉剂 1 000 倍液或 25%亚胺硫磷乳油 1 000 倍液等。另外，在成虫盛发期喷洒 21%氰戊·马拉松乳油 3 000 倍液，在幼虫为害期可喷洒 25%喹硫磷乳油 1 000 倍液防治。

2. 白粉虱

可用 10%噻嗪酮乳油 1 000 倍液、20%甲氰菊酯乳油 2 000 倍液或 2.5%高效氯氟氰菊酯乳油 3 000 倍液喷雾。用 25%噻虫嗪水分散颗粒剂 11~12 克/亩喷雾防治，效果也很好。成虫对黄色有较强的趋性，可用黄色板诱捕成虫。

3. 红蜘蛛

要及时清除田间及其周围的杂草和枯枝落叶，减少虫源。药剂防治可用 73%炔螨特乳油 2 000 倍液或 25%灭螨猛可湿性粉剂

第三章 蔬菜生产技术

1 000倍液,每隔7~10天喷1次,重点喷洒嫩叶背面及茎端,连喷3次,要抓好冬季温室防治。

七、采收

西葫芦从播种到采收大约100天,采收长达60天。一般以采收嫩瓜为主,也可以根据市场品质要求采摘。采摘时不要伤到藤蔓,生长强壮的植株适当多留瓜、留大瓜,长势差的植株应少留瓜、早采瓜,采收后要根据生长情况适当施肥,一般肥效可以达20天左右。

第五节 辣椒生产技术

一、品种选择

(一) 露地栽培绿色辣椒品种选择

1. 灯笼椒早熟品种

农乐、农大8号、中椒5号、甜杂1号、津椒2号、辽椒3号、吉椒1号、吉椒2号。

2. 灯笼椒中晚熟品种

农大40、农发、中椒4号、茄门甜椒。

3. 长角椒中早熟品种

中椒6号、津椒3号、湘研2号。

4. 长角椒中晚熟品种

苏椒2号、苏椒3号、中椒6号、吉椒3号、农大21号、农大22号、农大23号、湘研3号。

(二) 保护地栽培辣椒品种选择

1. 灯笼椒

中椒5号、甜杂3号、苏椒4号。

2. 长角椒

苏椒6号、津椒3号、中椒10号。

3. 彩色甜椒

黄欧宝、紫贵人、菊西亚、白公主。

二、整地施基肥

选择地势高燥、中等以上肥力的壤土或砂壤土，结合翻耕，每亩施用有机肥5 000~6 000千克、过磷酸钙20~25千克。

三、育苗技术

(一) 种子处理

30 ℃温水浸泡30分钟后，用55 ℃温水浸种15分钟，或用10%磷酸三钠溶液浸种20~30分钟，洗净种子上的药液，然后用25 ℃水浸种7~8小时。在25~30 ℃条件下催芽。

(二) 床土配制

田土5份、腐熟的马粪或厩肥5份、炉灰或珍珠岩1份，每米^{3}床土加入1 500克复合肥，或磷酸二氢钾1 000克、尿素800克，另外加入多菌灵或甲基硫菌灵，混合均匀后过筛。

(三) 播种

在育苗盘内播种。每亩需要种子170~200克，播种面积4~5米^2。覆土厚度1厘米。

(四) 苗期管理

1. 覆土

在幼芽拱土和出齐苗时分别覆土1次，每次厚度0.5厘米。

2. 分苗

第2片真叶展开时，把幼苗从育苗盘移栽到营养钵或72孔穴盘内。灯笼椒2株栽在一起，长角椒3株栽在一起。

3. 温度

播种后保持床土温度 20~25 ℃，出苗后白天 20~25 ℃，夜间 15~18 ℃。

4. 水肥管理

播种时浇透水，分苗时浇足水，成苗期不能缺水，保持土壤润湿状态，15 天左右用 0.2%尿素和 0.2%磷酸二氢钾溶液喷施幼苗。

5. 秧苗锻炼

定植前 7~10 天逐渐降低苗床温度，加强通风。最后 3~4 天白天 20 ℃，夜间 10~12 ℃。

6. 秧苗消毒

定植前利用 75%百菌清可湿性粉剂 600 倍液或 75%代森锰锌可湿性粉剂喷施秧苗。

7. 苗龄

露地栽培 80~90 天；保护地早熟栽培 80~100 天；中晚熟品种 120 天。

四、定植

塑料大棚每亩栽培 3 500~4 000 穴，每穴双株，行距 50 厘米，穴距 30 厘米；日光温室栽培采用大小行栽培，大行距 65~70 厘米，小行距 45~50 厘米，穴距 25~30 厘米，每穴双株。

五、田间管理

（一）温度管理

苗期，白天 25~32 ℃，夜间 16~17 ℃；开花结果期，白天 25~27 ℃，夜间 16~18 ℃。

（二）水分管理

定植时浇足水，以后视湿度情况一般低温季节 12~15 天浇 1

次水,高温季节 5~7 天浇 1 次水。

(三) 光照管理

辣椒的光饱和点 3 万勒克斯,补偿点 1 500 勒克斯,所以冬季要加强光照,夏季要遮阴。

(四) 施肥

每亩施入磷酸二铵 20 千克,硫酸钾 20 千克,过磷酸钙 50 千克,或腐熟有机肥 2 000~2 500 千克。

(五) 植株调整

在整个生长期要注意整枝、支架、除老叶。

六、病虫害防治

(一) 病害防治

1. 辣椒病毒病

可选用 20%盐酸吗啉胍·铜可湿性粉剂 500 倍液、1.5%烷醇·硫酸铜乳油 1 000 倍液,隔 10 天喷 1 次。

2. 辣椒软腐病

可选用 50%琥胶肥酸铜可湿性粉剂 500 倍液、77%氢氧化铜可湿性微粒粉剂 500 倍液、14%络氨铜水剂 300 倍液。

3. 辣椒猝倒病

出苗后发病时,可喷 58%甲霜·锰锌可湿性粉剂 500 倍液,或 75%百菌清可湿性粉剂 600 倍液,15%噁霉灵水剂 450 倍液。

4. 辣椒立枯病

发病初期喷 64%噁霉灵水剂 500 倍液或 36%甲基硫菌灵悬浮剂 500 倍液。猝倒病和立枯病混合发生时,可用 72.2%霜霉威水剂 800 倍液加 75%敌磺钠可湿性粉剂 800 倍液喷淋。

(二) 虫害防治

1. 白粉虱

针对往年白粉虱发生严重的田块,可以在种植前进行土壤处理,全田撒施 5%噻虫嗪颗粒剂 1 500 克。种植过程中喷施药剂防治,尤其是夏季种植的辣椒,建议在白粉虱发生前喷药预防,最好以杀卵剂为主,可以选择 20%高氯·噻嗪酮 65~80 克/亩喷施。

2. 叶螨

在前期尽量喷施一些对卵、若螨效果好的药剂,比如噻螨酮、乙唑螨腈等。后期一旦发现叶螨为害,尽量使用杀成螨药剂比如联苯肼酯、三唑锡、炔螨特等。

3. 烟青虫

目前市场上对于烟青虫效果比较好的成分有氯虫苯甲酰胺、虫螨腈、茚虫威、甲维盐等。具体的用量为 20 克/升氯虫苯甲酰胺悬浮剂 3 000 倍液、50%虫螨腈水分散粒剂 1 500 倍液、5%高氯·甲维盐悬浮剂 1 000 倍液、30%茚虫威悬浮剂 1 000~1 500 倍液等。

4. 蚜虫

可利用昆虫的趋黄特性,设置黄板诱集蚜虫,集中捕杀用 5%增效抗蚜威水分散粒剂 2 000 倍液、40%氰戊·马拉松浮油 800 倍液、2.5%氯氟氰菊酯乳油 2 000 倍液。

七、采收

开花后 25~30 天即可采收。

第六节 不结球白菜生产技术

一、品种类型

不结球白菜品种资源丰富,主要栽培的有以下变种。

（一）普通白菜

普通白菜又称小白菜、青菜、油菜。株型直立或展开，一般产量高、品质好、适应性强、分布广泛。根据栽培季节和生态习性又可分为以下3个类型。

秋冬白菜。我国南方栽培最多，株型直立或束腰，以秋、冬季栽培为主，依叶柄色泽不同又可分为白梗和青梗两类。白梗代表品种有南京矮脚黄、常州短白梗；青梗有上海矮箕白、杭州早油冬、苏州青梗、昆明蒜头白和调羹白等。

春白菜。株型多开展，少数直立或微束腰，冬性强，耐寒。根据抽薹早晚可分为早春白菜和晚春白菜。前者2—3月上市，代表品种有无锡三月白、杭州油冬儿、南京亮白。后者4—5月上市，代表品种有南京四月白、上海四月慢及五月慢等。

夏白菜。指6—8月高温栽培和上市的不结球白菜。多为直播，以幼苗或半成株采收供食。代表品种有上海火白菜、杭州火白菜、广州马耳白菜、南京矮杂1号等。

（二）乌塌菜

乌塌菜又称乌菜、京白菜。植株塌地或半塌地生长，叶色浓绿或墨绿，叶面平滑或皱缩，耐寒力强，南方多在晚秋播种，春节前后上市供应，经冬季霜雪后味甜质美，但由于冬季气温低生长慢，株型矮小产量低。根据生长习性可分为塌地型和半塌地型。前者植株叶片塌地而生呈盘状，代表品种有常州乌塌菜、上海小八叶及中八叶。后者植株半直立或半塌地，如南京瓢儿白、上海塌棵菜、合肥黄心屋等。

根据成熟期早晚又可分为早春种（如南通马儿黑菜）、晚春种（如南通四月春不老）。

（三）分蘖白菜

分蘖白菜又称京水菜、水晶菜。植株初生塌地，以后自短缩茎处环生基叶十余片,并从叶腋处产生分蘖,每个分蘖又生许多叶片,整株叶片数达数十至数百片,呈丛生状。耐寒力强,主供鲜食或加工,栽培不普遍,主要分布在江苏南通地区,一般晚秋播种,春季抽薹前收获。代表品种有日本京水菜等。

（四）菜薹

菜薹以花薹为产品,主要分布在华南、华中地区,广东、广西、台湾、湖北栽培普遍。根系浅,抽薹前茎短缩,绿色或紫色,花薹叶较小,花茎下部叶柄短,上部无叶柄。代表品种有菜心、红菜薹等。根据生长期长短及栽培季节又可分为早熟种（如广东的四九菜心、黄叶早心、油叶早心）、中熟种（如黄叶中心、青梗中心、柳叶中心等）、晚熟种（如青圆迟心、三月青菜心等）。在华南广东等地早熟种4—8月均可播种,5—10月采收。中熟种9—10月播种,10月至翌年1月采收。晚熟种11月至翌年2月播种,12月至翌年4月采收。菜薹可直播也可育苗移栽。

二、栽培季节与茬口安排

不结球白菜变种及品种多,适应性广,又无严格的采收期,只要因地制宜选择类型和品种,即可做到四季栽培,周年供应。

（一）秋冬白菜

秋冬是白菜主要栽培季节,华北地区用保护地栽培9—10月播种,翌年1—3月采收；华中及江淮流域8—10月播种,露地栽培,封冻前收获；华南地区9—12月均可播种,30~40天即可收获。

（二）春白菜

南方多于高温季节的6—8月播种,播后20~30天以小苗上市,俗称"鸡毛菜""火白菜"。华北地区多在夏茬与秋茬换季的空隙增种一茬短期白菜，一般7月播种，8—9月收获。

前作最好选择非十字花科的葱蒜类、茄果类、瓜豆类等蔬菜，尽量避免连作以减轻病虫害。

三、整地施肥

前作收后，结合犁地在耕作层内均匀施入腐熟有机肥30~45吨/公顷，耙细耧平。北方多作成平畦，南方作高畦或垄。

四、播种育苗

秋冬白菜一般先育苗后移栽，苗床施有机肥1.5~2.3千克/米^2，高畦，播种量2.3~3.0克/米^2，苗床与大田的面积比为1：（4.5~9）。播种后土壤湿润3~4天即可出苗，出苗后2~3片真叶时进行间苗，保持4~5厘米的株行距，并视土壤墒情及幼苗长势适时浇水追肥，注意防治病虫害。

反季节栽培晚秋播的春白菜及夏白菜多采用直播，间拔采收或采用穴盘护根育苗。

五、栽植

当幼苗具5~6片真叶、高12~15厘米时即可移栽。苗龄因季节及设施环境而不同，秋播的生长快，需20~25天；晚秋播或冬播的则要40~50天。定植前应浇起苗水，尽量多带土少伤根，缩短缓苗时间，穴盘育苗全根定植基本无缓苗期。定植深浅以不埋心叶为度，密度视季节、植株开展度而定，一般早熟种、直立生长类型株行距20厘米×20厘米；晚熟种、开展度大的株行距25厘米×25厘米；定植后及时浇定根水，以后连续浇几次缓苗水，直至成活。

六、田间管理

（一）中耕除草

植株封行前中耕2~3次，以利于增温保墒、除去杂草，促进根系生长。

（二）灌水追肥

不结球白菜根系浅、吸收能力弱、生长期短、需水量大，应适时浇灌，保持土壤湿度。浇水结合追肥，定植成活后追1次提苗肥，以后每隔7~8天追1次。

七、采收

采收期视栽培季节、消费习惯、市场需求而定，夏白菜定苗后20~25天有4~5片叶即可采收；秋冬白菜定植后30~50天陆续采收，随着气温下降采收期也将延长；春白菜因生长期间气温低，生长缓慢，要100天以上才能采收，但品质好。华南地区冬无严寒，播种期和采收期都比较灵活。采后要清洗、整理、分级、扎把包装。

第四章 畜禽养殖技术

第一节 猪养殖技术

一、后备公猪的饲养管理

后备公猪的饲养管理是一个猪场的核心。饲养后备公猪是为了得到质量好的精液,因此要加强对后备公猪的饲养管理,使后备公猪具有健壮的体质和旺盛的性欲。

(一) 后备公猪的选择

选择体形外貌符合品种特征,睾丸发育良好、左右对称,四肢强健有力、步伐矫健,系谱清晰的公猪。

(二) 饲养原则

限制饲养,日喂2次。用公猪料或哺乳母猪料日喂2.0~2.5千克,膘情控制比同龄母猪低。配种期每天补喂1枚鸡蛋,于喂料前进行。每餐不宜喂过饱,以免猪饱食贪睡,不愿运动造成过肥。单栏饲养,保持圈舍与猪体清洁。

(三) 公猪管理

1. 合理运动

每天运动0.5~1.0个小时,每次运动800~1 000米。可以通过室外运动或室内试情来完成,让其在配种怀孕舍走道中来回走动,以促进公猪发情,提高体力,避免发胖。

2. 调教公猪

后备公猪达 8 月龄，体重达 120 千克，膘情良好即可开始调教。将后备公猪放在配种能力较强的老公猪附近隔栏观摩、学习配种方法；配种公母大小比例要合理。正在交配时不能推打公猪。

3. 使用方法

后备公猪 9 月龄开始使用，使用前先进行配种调教和精液质量检查，开始配种体重应达到 130 千克以上。9~12 月龄公猪每周配种 1~2 次，13 月龄以上公猪每周配种 3~4 次。健康公猪休息时间不得超过 2 周，以免发生配种障碍。若公猪患病，1 个月内不准使用。

4. 检查精液

本交公猪每月必须检查精液品质 1 次，夏季每月 2 次，若连续 3 次精检不合格或连续 2 次精检不合格且伴有睾丸肿大、萎缩、性欲低下、跛行等疾病时，必须淘汰。应根据精检结果，合理安排好公猪的使用强度。

5. 公母比例

本交时，公：母 = 1：（20~30）；人工授精时，公：母 = 1：（50~100）。

二、母猪的饲养管理

（一）后备母猪的饲养管理

1. 后备母猪选择

选择第 2~5 胎优良母猪后代为宜。要求符合本品种的外形标准、生长发育好、皮毛光亮、背部宽长、后躯大、体形丰满、四肢结实有力、肢蹄端正、腿不宜过直。有效乳头应在 6 对以上，排列整齐、间距适中、大小均匀、无瞎乳头和副乳头，阴户发育较大且下垂、形状正常。日龄与体重对称，即出生体重在1.5千克以上，28日龄断奶体重达8千克，70日龄体重达15千克，体重达100千克时不超过160日龄；100千克体重测量时，倒数第3~4肋骨离背中线6厘米处的超声波背膘厚在2厘米以下。

后备母猪挑选常分5次进行，即出生、断奶、60千克、5月龄（105~110千克）左右（初情期）、配种前逐步给予挑选。

2. 后备母猪饲养

采用群养，以刺激发情。30千克以下母猪，小猪料饲喂，30~60千克，中猪料饲喂，60~90千克，大猪料饲喂，自由采食；90千克以后限饲，约2.8千克/天。配种前半个月优饲，具体根据母猪膘情增减饲喂量。母猪发情第2次或第3次，体重达120千克以上时配种。

3. 观察发情方法

每天进行2次发情鉴定，上、下午各1次。

（1）外部观察法：发情母猪行动不安、外阴红肿、有少数黏液流出、尿频、爬跨其他母猪、食欲差。

（2）试情法：用公猪对母猪进行试情，母猪接受公猪爬跨。

4. 适时配种

（1）配种时机。配种时机应在出现静立反应后，延迟12~24小时第1次配种，再过8~12小时进行第2次配种。母猪配种后21天若不发情，即基本确认怀孕，按怀孕期管理。

（2）配种方法。初次实施人工授精最好采用"1+2"的配种方式，即第1次本交，第2、3次人工授精；条件成熟时推广"全人工授精"配种方式，并应由3次逐步过渡到2次。

（3）配种间隔。经产母猪：上午发情，下午配第1次，次日上、下午配第2、3次；下午发情，次日上午配第1次，下午配

第四章 畜禽养殖技术

第 2 次，第 3 日下午配第 3 次。断奶后发情较迟（7 天以上）的及复发情的经产母猪、初产后备母猪，要早配（发情即配第 1 次），间隔 8 小时后再配 1 次，至少配 3 次。

（二）妊娠母猪的饲养管理

母猪经过配种受胎以后，就成了妊娠母猪。母猪怀孕后，一方面继续恢复前一个哺乳期消耗的体重，为下一个哺乳期贮积一定营养；另一方面要供给胎儿发育所需要的营养。对于初产母猪来说，还要满足身体进一步发育的营养需要。因此，母猪在怀孕期，饲养管理的主要任务是保证胎儿在母猪体内得到充分发育，防止化胎、流产和死胎。同时要保证母猪本身能够正常积存营养物质，使哺乳期能够分泌数量多、质量好的乳汁。妊娠母猪本身及胎儿的生长发育具有不平衡性，即有前期慢、后期快的特点。这是制定饲养管理措施的基本依据。

按照妊娠母猪的特点和母猪不同的体况，妊娠母猪的饲养方式有以下 3 种。

1. 抓两头顾中间的喂养方式

这种方式适用于经产母猪。前阶段母猪经过分娩和泌乳期，体力消耗很大，为了使母猪担负起下一阶段的繁殖任务，必须在妊娠初期就加强营养，使其尽早恢复体况。这个时期一般为 20~40 天。此时，除喂大量青、粗饲料外，也应适当给予一些精饲料，以后以青、粗饲料为主，维持中等营养水平。到妊娠后期，即 3 个半月以后，再多喂些精饲料，加强营养，形成"高—低—高"的饲养模式。但后期的营养水平应高于妊娠初期的营养水平。

2. 前粗后精的饲喂方式

对配种前体况良好的经产母猪可采用这种方式。因为妊娠初期，不论是母猪本身的增重，还是胎儿生长发育的速度，都比

· 109 ·

较缓慢，一般不需要额外增加营养，可降低日粮中精饲料比例，而把节省下来的饲料用在妊娠中期，此时胎儿生长逐渐加快时，可适当增加部分精饲料。

3. 步步登高的饲养方式

这种方式适合于初产母猪和泌乳期配种的母猪。因此，对这类母猪整个妊娠期的营养水平，是按照胎儿体重的增长而逐步提高的，到分娩前1个月达到最高峰。在妊娠初期以喂优质青、粗饲料为主，以后逐渐增加精饲料比例。在妊娠后期多用些精饲料，同时增加蛋白质和矿物质。

现代养猪还可分限量饲喂、限量饲喂与不限量饲喂相结合的两种饲喂方式。前者是指按照饲养标准规定的营养定额配合日粮，限量饲喂；后者是指妊娠前2/3时期采取限量饲喂，妊娠后1/3时期改为不限量饲喂，给予母猪全价日粮，任其自由采食。

（三）哺乳母猪的饲养管理

母猪分娩后开始进入哺乳期，这一时期母猪饲养的主要任务是提高母猪的泌乳量、保证仔猪健壮发育、提高仔猪断奶重和成活率。同时，要保持母猪在哺乳期结束后不过瘦，能按时发情并配上种。

母猪在哺乳期负担很重，营养需要量与其他时期比也是最多的。由于母猪采食量有限，在哺乳期让母猪敞开吃料，也满足不了泌乳期内的营养需要。因此，母猪在泌乳期内体重往往有所下降，尤其是泌乳量高的母猪，产后体重持续减轻，一直到泌乳后期体重才逐渐停止下降。据测定，母猪在2个月的泌乳期内，体重可减轻30~50千克，即每天下降0.5~0.8千克。为了不使母猪失重过多，影响健康和繁殖，必须增加哺乳母猪的饲料。母猪每天的营养需要量因其体重和带仔头数不同而有差异；母猪体重越大，营养需要量越大；同样体重的母猪，带仔头数增加，营养需要量也要增加。

哺乳母猪的日粮中应以能量饲料为主。青、粗饲料的喂量要适宜,一般饲喂定量应控制在整个饲料的粗纤维含量不超过7%。哺乳期的饲料必须保证品质良好,切忌喂霉烂变质的饲料。否则,不仅影响母猪的健康和泌乳,而且有损仔猪的健康。饲料量的增减,都应逐渐进行。否则,容易导致乳成分和乳产量的骤变而引起仔猪下痢。

猪乳中含有的水分多达80%,所以母猪泌乳需要大量的水分,加上母猪代谢活动所需的水分,哺乳母猪每日需水量达12~21千克。倘若饮水不足,即使日粮营养十分丰富,其泌乳量也会明显降低。

母猪哺乳环境应该保持清洁干燥,垫草要勤换,一般2~3天换1次。这样才能有效地防止母猪乳房炎的发生和仔猪感染导致的下痢、肺炎、皮肤病等。

身体强健的哺乳母猪,在产后1周左右即可出现发情,此时不应配种,否则影响母猪的泌乳力。

三、仔猪的饲养管理

(一) 哺乳仔猪的饲养管理

1. 接产

仔猪出生后,立即将口、鼻黏液掏除、擦净,然后剪齿、断尾。仔猪出生时已有8颗牙,需用剪齿钳从根部剪平,防止仔猪相互争抢而伤及面颊及母猪乳头。断尾是指用手术刀或锋利的剪刀剪去最后3节尾骨,并涂药预防感染,防止仔猪相互咬尾。

2. 加强保温,防冻防压

通过红外线灯、暖床、电热板等办法给予加温。最初每隔1小时喂仔猪母乳1次,逐渐延至2小时或稍长时间,3天后可让母猪带仔哺乳。栏内安装护仔栏,建立昼夜值班制,注意检查观察,做好护理工作。

3. 早吃初乳

仔猪出生后要及时吃足初乳,同时固定乳头,体强的仔猪固定在后边乳头,体弱的仔猪固定在前边乳头,保证同窝猪生长均匀。如果母猪有效乳头少,要做好仔猪的寄养工作。

4. 补铁

铁是造血必需的元素,为防止缺铁性贫血,仔猪出生 2~3 日注射牲血素补铁,最好 15 日龄再补铁 1 次,确保仔猪正常生长。

5. 阉割

不能作为配种用的仔猪最好在 2 周龄时阉割。

6. 开食补料

7 日龄开始补料,每次每窝添加 10~20 克,每天数次;14 日龄时,仔猪基本上学会采食少量教槽料,以后随着仔猪食量增加逐渐加大喂量。

7. 断奶

仔猪适宜断奶日龄为 28~35 天,断奶时采取转母猪、留仔猪的方式,尽可能减少仔猪的应激。

(二) 断奶仔猪的饲养管理

1. 分群

建议采取原窝培育,将原窝仔猪(剔除个别发育不良个体)转入培育舍,关入同一栏内饲养。如果原窝仔猪过多或过少时,需要重新分群,可按其体重、强弱进行并群分栏,同栏群中仔猪体重相差不应超过 1~2 千克,将各窝中的弱小仔猪合并分成小群进行单独饲养。合群仔猪会有争斗位次现象,可进行适当看管,防止咬伤。

2. 饲养温度和湿度

断奶仔猪适宜的环境温度为 21~22 ℃，猪舍适宜的相对湿度为 65%~75%。

3. 调教

加强调教新断奶转群仔猪的采食、躺卧、饮水、排泄区固定位置的训练，使其形成理想的睡卧区和排泄区。

4. 去势

建议出生后 35 日龄左右，体重 5~7 千克时进行去势。也可在仔猪出生后 7 日龄左右早期去势，以利术后恢复。

四、生长育肥猪的饲养管理

仔猪从保育舍转入生长育肥舍，要求增重快、出栏时间短、耗料少、料肉比低、胴体品质优。为此，需要从品种、饲料营养、环境控制、疫病防治等方面综合考虑。

（一）充分利用生长育肥猪的生长规律

仔猪阶段相对生长较快，随日龄增长逐渐降低。日增重开始较低，后来增加，达到高峰后又逐渐下降。猪的育肥最好在 6 月龄内结束，此前增重最快，每千克增重耗料最少。

幼龄期长外围骨，中龄期长中轴骨和肌肉，稍后肌肉生长加快，最后脂肪生长加快，即所谓小猪长骨、中猪长肉、大猪长膘。生产实践中，应充分利用上述规律，小猪阶段充分调动骨骼生长，育肥前期增加蛋白质供给，促进肌肉组织沉积，育肥后期适当减少能量摄入量，控制脂肪沉积，从而提高瘦肉率、降低生产成本。

（二）控制影响育肥的因素

1. 品种

品种是决定育肥性能的重要因素。一般三元杂交品种的生长优势大于地方品种。只有选择优质品种并结合使用优质饲料,才能获得最佳效益。

2. 性别

公母猪经去势食欲增加、增重速度提高、饲料利用率和屠宰率提高、肉的品质好,由于母猪性成熟晚(6月龄以后),所以人们普遍采取公猪去势、母猪不去势的方式进行育肥。

3. 初生重和断奶重

仔猪初生重大,断奶重就大,育肥期增重速度快。人们常说"初生差一两,断奶差一斤,出栏差十斤"。设法提高初生重和断奶重是养猪的基础。

4. 饲料与营养

能量水平直接影响日增重。提高能量水平有利于加快增重速度,提高饲料利用效率。适宜蛋白质水平对增重和胴体品质都有良好作用。采食含饱和脂肪酸多的饲料,猪的体脂洁白、坚硬,相反则出现黄膘或软脂。

5. 环境

猪在适宜温度(15~23℃)下,育肥效果明显,过冷过热均不利,高温比低温危害更大,特别要避免高温高湿和低温高湿。饲养密度每栏 10~20 头;每头占栏面积以中猪 0.5~0.8 米^2、大猪 0.8~1.0 米^2 为宜,过大过小均不合适。虽然光照无明显影响,但不宜过强,以便操作管理为好。

(三)育肥方法的实施

随着品种改良、日粮结构的不断调整,传统的阶段育肥或吊架子育肥,不能完全适应现代养猪生产的要求。根据猪各阶段营养需要特点,供给充足营养的直线育肥(又叫一条龙育肥)为养猪场普遍采用。这种方法育肥期短、日增重高、料肉比低。40~60 千克以前自由采食,充分发挥小猪生长快、饲料利用率高

第四章 畜禽养殖技术

的特点。体重60千克以后适当限饲提高饲料利用率并控制体脂的含量。饲喂干粉料，保证充足饮水。育肥期间进行防疫、驱虫、防暑、防寒工作，每日饲喂2~4次。具体实行哪种育肥方式还应当考虑品种、饲料资源、交通条件等因素。

育肥猪多大体重出栏也不能一概而论，可根据育肥目的来确定。第一，建议在增重高峰过后及时出栏，因为出栏体重越大，胴体越肥，生产成本也越高。体重60~120千克阶段，活重每增长10千克，瘦肉率大约下降0.5%。第二，针对不同市场（出口、城镇或农村）需要灵活确定出栏体重。第三，以经济效益为核心确定出栏体重。出栏体重越小，单位增重耗料越少，饲养成本越低，但其他成本是分摊费用越高，且售价等级越低，很不经济。出栏体重越大，单位产品非饲养成本分摊费用越少，但后期增重成分主要是脂肪，饲料利用率下降，饲养成本明显增高，且胴体脂肪多，售价等级低。

（四）提高瘦肉率的措施

发展瘦肉猪生产，可以提高猪的日增重，降低饲料消耗，改善肉质和养猪业的经营状况。

1. 品种

饲养杜长大三元杂交商品瘦肉型猪，瘦肉率可达64%以上。

2. 饲料蛋白质水平

体重10~20千克时，饲料蛋白质水平应为22%~20%；体重20~60千克时，饲料蛋白质水平应为20%~16%；体重60~90千克时，饲料蛋白质水平应为16%~14%。

3. 采取"前攻后限"的饲养方式

即体重60千克前敞开饲喂；60千克后限制饲喂，一般以正常喂量85%~90%为宜，补饲青绿饲料。限饲能抑制脂肪增长、提高胴体瘦肉率，节约饲料。

4. 创造适宜生长环境，做到冬暖夏凉

肉猪舍内温度以 18~21 ℃ 为宜。舍温 25 ℃ 和 30 ℃ 时，采食量分别下降 10% 和 35%，日增重下降；舍温 10 ℃ 时采食量增加 10%；舍温 5 ℃ 时采食量增加 20%；舍温 0 ℃ 时采食量增加 35%。

5. 适时出栏屠宰

体重 90~100 千克时出栏，生长速度、饲料利用率、屠宰率、产肉量和瘦肉率都比较高。

第二节　牛养殖技术

一、初生犊牛的饲养管理

（一）初生犊牛的正确接产与恰当护理

犊牛必须在舒适的环境下出生，这样才能保证健康和有活力。羊水破裂后 2 个小时，胎囊应该露出；再过 1 小时前腿应该露出。怀孕母牛必须有足够的食物，尤其是在分娩前后要确保母牛保持旺盛的食欲。所以，要确定一直有可口的食物和新鲜的饮水供应给母牛，而且不改变配方，还应保持环境清洁，提供舒服的垫床，同时提供可与其他牛沟通的机会。分娩舍的宽度至少要达到牛体宽的 1.5 倍，长度至少达到牛体长的 2 倍。一般荷斯坦奶牛的体长为 2.5~2.75 米，也就是分娩舍长度最少为 5.5 米。确保分娩牛卧在合适助产的位置；需要助产时，必须保证牛体后还有一个牛体长的距离。新生的犊牛体质较弱，因此有很多工作从犊牛出生起就必须细致地完成。

1. 清除黏液

犊牛自母体产出后应立即清除其口腔及鼻孔内的黏液，以免

第四章 畜禽养殖技术

妨碍犊牛的正常呼吸和将黏液吸入气管及肺内。如犊牛产出时已将黏液吸入而造成呼吸困难，可两人合作，握住犊牛后肢，倒提犊牛，拍打其背部，使黏液排出。如犊牛产出时已无呼吸，但尚有心跳，可在消除其口腔及鼻孔黏液后将犊牛在地面摆成仰卧姿势，头侧转，每6~8秒按压与放松犊牛胸部1次并进行人工呼吸，直至犊牛自主呼吸为止。

2. 脐带消毒

将脐带浸入盛有5%~10%碘酊的容器中或喷上消毒剂。

3. 擦干被毛

断脐后，应尽快擦干犊牛身上的被毛，以免犊牛受凉，尤其在环境温度较低时，更应如此。被母牛舔干净也是一种很好的激发犊牛活力的方法。犊牛的皮毛会很快干燥，这样容易保暖。羊水的味道也会刺激母牛的食欲。

4. 隔离

犊牛出生后，应尽快将犊牛与母牛隔离，将新生犊牛放养在干燥、避风的单独犊牛笼内饲养，使其不再与母牛同圈，以免母牛认犊之后不利于挤奶。

5. 及时哺喂初乳

初乳是指母牛产后7天内所分泌的乳汁。初产牛第1次挤出来的新鲜初乳是最好的。相对而言，冻存初产牛的初乳比冻存经产牛的好。初乳可在冰箱内冻存12个月（标注好日期）。把初乳按照一份或者半份的量分装好，用时放在装满热水的桶里升温至35~40 ℃。

(二) 重视初乳

初生的犊牛依靠初乳获得抵抗疾病的抗体，它能够使得犊牛免于感染大肠杆菌、轮状病毒等环境内常有的微生物。犊牛的肠道在初生时能够吸收初乳，超过24小时后这种能力会迅速下降。

在吃到初乳之前，犊牛最易受到感染。

初乳也是犊牛获得能量和营养的来源，犊牛要靠初乳来维持体温。

饲喂初乳的方法：可在第1次给予犊牛3.75升初乳，12小时后再给2升，可通过胃管饲喂；另外一种给法是犊牛出生2小时内给2升初乳，6小时后再给2升，即在最初的12小时内犊牛应喝到4升初乳，相当于体重的10%。如犊牛第1天应该喝到5.5升初乳，大量的初乳可被有效利用。

如果奶牛产奶量较高，那么初乳中的抗体浓度就会比较低，相应的犊牛需要的初乳量就会大一些。如果母牛在产前就分泌了大量初乳，那么应把这些初乳都挤出来。健康的犊牛可以喝掉超过它真胃容量（1.5~2.5升）的初乳。

(三) 犊牛腹泻的预防

犊牛在出生后的4周内很容易发生腹泻，尤其在前10天。粪便中存在各种病原微生物，可导致初生犊牛感染并发生腹泻。至于犊牛病到何种程度取决于其抵抗力如何、在传染环境中的暴露程度，以及病原微生物的毒力强度。犊牛抵抗力取决于健康程度、饲料摄入、舒适程度及足够的初乳。

很多犊牛集中饲养在一起会增加感染压力。病原微生物可长时间地在肮脏和污染的环境中存活，而在干燥和干净的条件下死亡。

找到犊牛腹泻的原因需要掌握很多的信息，如犊牛的生活环境、饲料及管理措施，犊牛是否发烧、是否还有其他症状，是否还有其他病牛以及最近有什么应激反应等，通常情况下还需要实验室检测。

(四) 犊牛的断奶

传统的犊牛哺乳时间一般为6个月，喂奶量800千克以上。

随着科学研究的进步，人们发现适当缩短哺乳期不仅不会对母犊产生不利影响，反而可以节约乳品、降低犊牛培育成本、增加犊牛的后期增重、促进成年牛的提早发情、改善母牛繁殖率和健康状况。早期断奶的时间不宜采用一刀切的办法，需要根据饲养者的技术水平、犊牛的体况和补饲饲料的质量确定。根据我国当前饲养水平，采用总喂乳量250~300千克，60天断奶比较合适。

断奶前犊牛必须吃到足够的精饲料和粗饲料，并且能够从粗饲料中获得足够的营养，这样断奶之后犊牛才能够健康地成长。

断奶后犊牛主要依靠瘤胃来获取营养，因此在断奶时瘤胃必须能够正常工作。判断瘤胃是否正常的标准应根据其体积和内容物，加上消化后粪便的形态来判定。在断奶前犊牛应当每天吃掉至少1.5千克的精饲料才能维持其断奶后的生长。

断奶对犊牛来说已经是一种应激，因此其他管理就不要再作改变了。断奶后至少要过1周再并群，并确保有可口的食物，干净的饮水和干燥、舒适的垫床。任何改变都会带来应激，从而造成犊牛食欲下降或不安。

断奶犊牛的体重至少在80千克。如果没有条件给犊牛称重，则可以测量胸围；位置在前腿后方，取犊牛站立的姿势；用皮尺测量或者用一根绳子在两头打好结后测量绳子的长度。

（五）断奶期犊牛的饲养管理

断奶期是指犊牛从断奶至6月龄之间的时期。

1. 断奶期犊牛的饲养

断奶后，犊牛继续饲喂断奶前精、粗饲料。随着月龄的增长，逐渐增加精饲料喂量。至3~4月龄时，精饲料喂量增加到每天1.5~2.0千克；如果粗饲料质量差，犊牛增重慢，可将精饲料喂量提高到2.5千克左右；同时，选择优质干草、苜蓿供犊牛自由采食。4月龄前禁止饲喂青贮等发酵饲料，干物质采食量逐步达到每头每天 4.5 千克。3~4 月龄以后，可改为饲喂育成牛精饲料。犊牛生长速度以日增重 0.65 千克以上、4 月龄体重 110 千克、6 月龄体重 170 千克以上比较理想。很多犊牛断奶后 1~2 周内日增重较低，同时表现出消瘦、被毛凌乱、没有光泽等症状。这是犊牛的前胃机能和微生物区系正在建立，尚未发育完善的缘故，随着犊牛采食量的增加，上述现象很快就会消失。

2. 断奶期犊牛的管理

断奶后的犊牛，除刚断奶时需要特别精心管理外，以后随着犊牛的长大对管理的要求相对降低。犊牛断奶后应进行小群饲养，将月龄和体重相近的犊牛分为 1 群，每群 10~15 头。犊牛一般采取散放饲养，自由采食、自由饮水，但应保证饲料和饮水的新鲜和卫生。注意保持牛舍清洁、干燥，定期消毒。每天保证犊牛不少于 2 小时的户外运动。每月称重并记录，对生长发育缓慢的犊牛要找出原因。同时，定期测定体尺，根据体尺和体重来评定犊牛生长发育的好坏。

二、育成母牛的饲养管理

（一）育成牛的生长

育成牛是指 7 月龄至配种前（一般为 14~16 月龄）的牛。育成牛分为小育成牛（7~12 月龄）和大育成牛（13~17 月龄）。

7~12 月龄是母牛达到生理上最快生长速度的时期，此期是性成熟时期，性器官和第二性征发育很快，体躯向高、向长急剧生长，前胃相应发达，容积扩大 1 倍左右，因此在饲料供给上应满足其快速生长的需要，避免生长发育受阻，以致影响其终生产奶潜力的发挥。

13 月龄至初配受胎时期的育成母牛消化器官已基本成熟，此阶段育成母牛没有妊娠和产奶负担，而利用粗饲料的能力大大提高。因此，提供优质青、粗饲料基本能满足其营养需要，只需少量补饲精饲料。

（二）育成母牛的管理

1. 分群

在育成时期，不论采取拴系饲养或散栏饲养，母牛都要分群管理。一般把12月龄及以内分1个群，13月龄及以上到配种前分成1个群。以40~50头组成1个群，每群牛月龄差异不超过3个月。

2. 运动和刷拭

舍饲时，平均每头牛占用运动场的面积应在15米^{2}左右，每天运动不少于2小时。育成母牛一般采用散养，除恶劣天气外，可终日在运动场自由活动。同时，在运动场设食槽和水槽，供母牛自由采食青、粗饲料和饮水。保持每天刷拭1~2次，每次不少于5分钟。

3. 修蹄

育成母牛生长速度快，蹄质较软、易磨损。因此，从10月龄开始，每年春、秋季应各修蹄1次，以保证牛蹄的健康。

4. 乳房按摩

乳房按摩可促进乳腺的发育和产后泌乳量的提高。育成母牛在12月龄以后即可每天进行1次乳房按摩。按摩时，用热毛巾轻轻揉擦，避免用力过猛。

5. 称重和测定体尺

育成母牛应每月称重，并测量12月龄、16月龄的体尺，详细记入档案，作为评判育成母牛生长发育状况的依据。一旦发现异常，应尽早查明原因，及时调整日粮结构，以确保17月龄前达到参配体重。

6. 适时配种

育成母牛的适宜配种年龄应依据发育情况而定。中国荷斯坦牛的理想配种体重为350~400千克（成年体重的70%左右），体高122~126厘米，胸围148~152厘米。娟姗牛理想配种体重为260~270千克。对超过14月龄未见初情的后备母牛，必须进行产科检查和营养学分析。

三、初孕母牛的饲养管理

初孕母牛是指从初配受胎到初次产犊前的母牛。该时期，母牛由于自身还处于生长发育阶段，饲养上除考虑胎儿生长发育外，还应考虑其自身生长发育所需的营养。根据体膘状况和胎儿发育阶段，合理控制精饲料饲喂量，防止过肥或过瘦，体况评分以2.75~3.25分为宜。过肥会导致难产及产后综合征的发生。初孕母牛往往不如经产母牛温顺，在管理上必须特别耐心，应通过每天刷拭、按摩等与之接触，使其养成温顺的性格。严禁打牛、踢牛，做到人牛亲和、人牛协调。

（一）做好保胎

确诊妊娠后，要特别注意母牛的安全，重点做好保胎工作，预防流产或早产。禁止驱赶运动，防止牛跑、跳、相互顶撞和在湿滑的路面行走，以免造成机械性流产。对于配种后又出现发情的母牛，应仔细进行检查，以确定是否是假发情，防止误配导致流产。防止母牛吃发霉变质的食物，避免长时间雨淋等。

（二）乳房按摩

从开始配种起，每天上槽后按摩乳房1~2分钟，促进乳房的生长发育。妊娠后期初产母牛的乳腺组织处于快速发育阶段，应增加每天乳房按摩的次数，一般为每天2次、每次5分钟，直到该牛乳房开始出现生理水肿为止（一般为产前15天）。但这个时期切忌擦拭乳头，以免擦去乳头周围的蜡状保护物，引起乳头龟裂，或因擦掉乳头堵塞物而使病原菌从乳头孔侵入，导致乳房炎和产后乳头坏死。

（三）运动

每日运动 1~2 小时，可防止难产，保持牛的体质健康。但应避免驱赶运动，防止流产。有放牧条件的也可进行放牧，但要比育成牛的放牧时间短。

（四）刷拭

每天刷拭 1~2 次，每次不少于 5 分钟，可培养初孕母牛温顺的习性。

（五）保持卫生，做好接产准备

保持圈舍和产房干燥、清洁，严格执行消毒程序。分娩前 2 个月的初孕母牛，应转入成年牛舍与干乳牛一样进行饲养。临产前 2 周，应转入产房饲养，产房要预先做好消毒。预产期前 2~3 天再次对产房进行清理消毒。初产母牛难产率较高，要提前准备齐全助产器械，洗净消毒，做好助产和接产准备。

（六）保证饮水

供给足够的饮水，最好设置自动饮水装置，防止母牛饮冰冻的水。

（七）计算好预产期

在产前 30 天，应将妊娠的怀孕母牛移至 1 个清洁、干燥围产群饲养。存栏较多的牛场，可单独组群饲养围产期青年牛，以适应产后高精饲料日粮。

（八）控制好体况

初孕母牛产犊时，体况评分不宜超过 3.5 分。

四、成母牛的饲养管理

（一）围产期的饲养管理

围产期指的是奶牛临产前 15 天到产后 15 天这段时期。

1. 围产前期的饲养管理

围产前期是指母牛临产前 15 天。

（1）预产期前 15 天母牛应转入产房，进行产前检查，随时注意观察临产征候的出现，有产犊症状应做好接产准备。有产犊症状是指母牛露胎膜或破羊水。产房必须有水、有料、干净、干燥、舒适且有专人看管接产。

（2）临产前 2~3 天日粮中适量加入麦麸以增加饲料的轻泻性，防止便秘。

（3）日粮中适当补充维生素 A、维生素 D、维生素 E 和微量元素。

（4）母牛临产前 1 周会发生乳房膨胀、水肿，如果情况严重应减少糟粕饲料的供给。

2. 围产后期的饲养管理

围产后期是指母牛产后 15 天这段时间。

（1）奶牛分娩后体力消耗极大，分娩后应与犊牛马上分开，安静休息。分娩后的母牛应先灌服营养补液或饮温麦麸红糖水 20 升（麦麸 1 000 克、红糖 500 克、盐 200 克、温水 20 升、水温 40 ℃），给予优质干草让其自由采食。

（2）加强母牛产后的监护，尤应注意胎衣的排出与否及完整程度，以便及时处理。促进胎衣排出，可直接注射缩宫素。胎儿产出 5~6 小时胎衣应该排出，应仔细观察完整情况，如胎儿产后 12 小时胎衣尚未排出则应由兽医处理；胎衣排出后，应马上清除，防止母牛吞食。

（3）产后第 1 天仍按产前日粮饲喂，从产后第 2 天起可根据母牛健康情况及食欲，每日每头增加 0.5~1.0 千克精饲料，并注意饲料的适口性，注意控制青贮、块根、多汁饲料的供给。

（4）母牛产后应立即挤初乳饲喂犊牛，第 1 天只挤出够犊牛

第四章 畜禽养殖技术

吃的奶量即可，第 2 天挤出乳房内奶的 1/3，第 3 天挤出 1/2，从第 4 天起可全部挤完。每次挤奶前应对乳房进行热敷和轻度按摩。

（5）注意母牛外阴部的消毒和环境的清洁干燥，防止产褥疾病的发生。

（6）夏季注意产房的通风与降温，冬季注意产房的保温与换气。产房必须要保持洁净，其垫料要勤加更换，保持产房干净、垫料松软，垫料应保证压实后 5 厘米厚。

（7）采用新产牛全混合日粮（TMR）配方：精饲料 9 千克、苜蓿 4 千克、湿啤酒糟 4.5 千克、全棉籽 2 千克、甜菜粕 2 千克、青贮玉米 12.5 千克。

（二）泌乳期的饲养管理

1. 泌乳早期的饲养管理

母牛产后 1~100 天称为泌乳早期。

目标：头胎牛日泌乳大于 35 千克；经产牛日泌乳大于 45 千克；体况评分大于 2.5 分。

（1）产后第 1 天按产前日粮饲喂，第 2 天开始每日每头牛增加 0.5~1.0 千克精饲料，只要产奶量继续上升，精饲料给量就继续增加，直到产奶量不再上升为止。

（2）多喂优质干草，最好在运动场中自由采食。青贮水分不要过高，否则应限量。干草进食不足可导致瘤胃酸中毒和乳脂率下降。

（3）多喂精饲料，提高饲料能量浓度，必要时可在精饲料中加入保护性脂肪。日粮的精粗比例可达（50∶50）~（60∶40）。

（4）为防止高精饲料日粮可能造成的瘤胃 pH 值下降，可在日粮中加入适量的碳酸氢钠和氧化镁。

(5) 增加饲喂次数，由一般的每日 3 次增加到每日 5~6 次。

(6) 在日粮配合中增加非降解蛋白的比例。

(7) 在饲养时观察体况、奶量、粪便。

(8) 母牛行为观察：反刍时间、胃的饱满程度、肢蹄病。

2. 泌乳中期的饲养管理

母牛产后 101~200 天称为泌乳中期。

目标：减缓奶量下降的速度，恢复体况。

泌乳中期又称泌乳平稳期，此期母牛的产奶量已经达到高峰并开始下降，而采食量则仍在上升，进食营养物质与乳中排出的营养物质基本平衡，体重保持相对稳定，不再下降。饲养方法上可尽量维持泌乳早期的干物质进食量，或稍有下降，而以降低饲料的精粗比例来调节进食的营养物质量，日粮的精粗比例可降至 45∶55 或更低。

泌乳中期奶牛一般使用中产牛日粮配方：精饲料 10 千克、苜蓿 2.5 千克、羊草 2.5 千克、湿啤酒糟 2.5 千克、甜菜粕 0.5 千克、青贮玉米 22 千克。

本期管理的核心任务是最大限度地增加奶牛采食量，促进奶牛体况恢复，延缓泌乳量下降速度。其管理工作重点：一是每月产奶量下降的幅度控制在 5%~7%；二是母牛自产犊后 8~10 周应开始增重，日增重幅度在 0.25~0.50 千克；三是饲料供应上，应根据产奶量、体况，定量供给精饲料，粗饲料的供应则为自由采食；四是保证提供充足的饮水和加强运动，并使用正确的挤奶方法及进行正常的乳房按摩。

3. 泌乳后期的饲养管理

母牛产后 201 天至干奶之前的这段时间称为泌乳后期。

目标：调整体况，准备干奶。

泌乳后期母牛的产奶量在泌乳中期的基础上继续下降，且下降速度加快，采食量达到高峰后开始下降，进食的营养物质超过乳中分泌的营养物质，代谢为正平衡，体重增加。此期除防止产奶量下降过快外，还要保证胎牛正常发育，并使母牛有一定的营养物质贮备，以备下一个泌乳早期使用，但不宜过肥。

泌乳后期日粮配方：精饲料6千克、羊草5.5千克、青贮玉米24千克。

按时进行干奶。此期理想的总增重量为98千克左右，平均每日0.635千克。此期在饲养上可进一步调低日粮的精粗比例，达（30∶70）~（40∶60）即可。

泌乳后期的管理应以恢复母牛体况为主，加强管理，注意保胎，防止流产。做好停奶准备工作，为下胎泌乳打好基础。此期的母牛一般都处于妊娠期，母牛由于受胎盘激素和黄体激素的作用，产奶量开始大幅度下降，每月递减8%~12%。在饲养管理上，除了要考虑泌乳，还应考虑妊娠。对于头胎牛，还要考虑生长因素。因此，此期饲养管理的关键是延缓泌乳量下降的速度。同时，使母牛在泌乳期结束时恢复到一定的膘情，并保证胎牛的健康发育。

（三）干奶期母牛的饲养管理

干奶是指在母牛妊娠的最后60天左右采用人工的方法使其停止泌乳，停乳的这一段时间称为干奶期。干奶期可划分为干奶前期和干奶后期。从停乳至产犊前15天为干奶前期，产犊前15天至产犊为干奶后期。干奶后期又称为围产前期。

1. 干奶前期的饲养

干奶前期指从干奶之日起至泌乳活动完全停止、乳房恢复正常为止。此期的饲养目标是尽早使母牛停止泌乳活动，乳房恢复正常，饲养原则为在满足母牛营养需要的前提下不用青绿多汁饲料和副料（啤酒糟、豆腐渣等），而以粗饲料为主，搭配一定的精饲料。

2. 干奶后期的饲养

干奶后期是从母牛泌乳活动完全停止、乳房恢复正常至分娩的时期。饲养原则为母牛应有适当增重,使其在分娩前体况达到中等程度。日粮仍以粗饲料为主,搭配一定的精饲料,精饲料给量视母牛体况而定,体瘦者多些,胖者少些。在分娩前6周开始增加精饲料给量,体况差的牛早些,体况好的牛晚些,每头牛每周酌情增加精饲料0.5~1.0千克,视母牛体况、食欲而定,其原则为使母牛日增重500~600克,全干奶期增重30~36千克。

3. 干奶期的管理

(1) 加强户外运动以防止肢蹄病和难产,并可促进维生素D的合成以防止产后瘫痪的发生。

(2) 避免剧烈运动以防止机械性流产。

(3) 冬季饮水水温应在10℃以上,不饮冰冻的水,不喂腐败、发霉、变质的饲料,以防止流产。

(4) 母牛妊娠期皮肤代谢旺盛,易生皮垢,因而要加强刷拭,促进血液循环。

(5) 加强干奶牛舍及运动场的环境卫生管理,有利于防止乳房炎的发生。

五、育肥牛的饲养管理

育肥牛即肉用牛,是一类以生产牛肉为主的牛。肉牛的特点是体躯丰满、增重快、饲料利用率高、产肉性能好、肉质口感好。

(一) 育肥制度

根据当地自然条件、饲养条件和技术条件,采用适当的育肥制度。

1. 小牛肉育肥制度

这是一种持续育肥或一贯育肥法，犊牛由母牛自然哺乳或自由采食代乳品。可喂少量粗饲料。犊牛 7~9 月龄时，体重达 300 千克左右，屠宰上市。

2. 杂种牛 18 月龄育肥制度

这是一种架子牛育肥方法。春季产犊，夏季放牧，冬季舍饲。第 2 年夏季放牧与舍饲相结合，补以精饲料进行育肥。在入冬前，牛一岁半左右屠宰。

3. 杂种牛 30 月龄育肥制度

在 18 月龄时牛不能屠宰，需再过 1 个冬季，到第 3 年夏季放牧结束，入冬前，牛两岁半左右屠宰。

4. 肉牛百日育肥制度

架子牛驱虫、公牛去势，适应期饲养 10~15 天。育肥前期为 40~45 天，按日增重供给精饲料，粗饲料自由采食，精粗比例为 4∶6。育肥后期 45 天，精粗比例为 6∶4。育肥牛膘度和体重达到出栏标准时，及时出栏屠宰。

(二) 育肥方法

可选择舍饲直线育肥法、放牧+补饲育肥法。

1. 舍饲直线育肥法

在断奶后就提供比较好的营养，使其日增重在 1.0 千克以上，18~20 月龄时体重达到 500~550 千克，即可出栏。这种方法要用较多的精饲料，饲料成本较高。因此，只适用于饲料利用率高的专门化品种肉牛，生产高档优质牛肉。

1) 饲养方案

舍饲直线育肥牛的饲养方案见表 4-1，精饲料配方见表 4-2。

表 4-1 舍饲直线育肥牛的饲养方案

月龄	日粮组成(千克)			目标日增重(千克)
	精饲料	青贮玉米	干草	
7~8	2.2	6	1.5	0.8
9~10	2.8	8	1.5	1.0
11~12	3.3	10	1.8	1.0
13~14	3.6	12	2.0	1.0
15~16	4.1	14	2.0	1.0
17~18	5.5	14	2.0	1.2

表 4-2 舍饲直线育肥牛的精饲料配方

月龄	原料的用量(%)						
	玉米	麦麸	豆粕	棉粕	石粉	食盐	小苏打
7~10	32.5	24	7	33	1.5	1	1
11~14	52.0	14	5	26	1.0	1	1
15~18	67.5	4	—	26	0.5	1	1

2)日常管理

要注意搞好卫生;防暑防寒,环境温度以 15~25 ℃为宜;用长度为 40~60 厘米的缰绳拴系、定槽,限制活动;开始育肥前驱虫 1 次。

2. 放牧+补饲育肥法

在牧草条件较好的地区,犊牛断奶后以放牧为主,根据草场情况,每天补饲少量精饲料,在 18~20 月龄达到 350~400 千克的时候出栏。此法简单易行,以本地资源为主,饲养成本较低,适用于本地牛或杂交改良牛。

1)饲养方案

1~3 月龄:随母自然哺乳,早吃初乳,吃足常乳,提早开食,自由采食牧草,每日每头补饲精饲料0.1千克。

4~6月龄:继续随母自然哺乳,自由采食牧草,每日每头补饲精饲料0.25千克,到6月龄强制断奶。

7~12月龄:半放牧半舍饲饲养,白天放牧,20:00时进行一次补饲,每日每头补饲精饲料1~2千克。

13~15月龄:只放牧,不补饲,让牛充分地采食牧草。

16~18月龄:全天放牧,早晨、中午临时休息时和晚间补饲精饲料。每日每头补饲精饲料2~4千克。

经过快速育肥,18月龄、体重达350千克时出栏屠宰。

2)日常管理

按30~40头/群进行分群轮牧;注意防暑防寒;在放牧场地设置遮阴棚,放置补盐砖、饮水器,让牛休息、饮水等。

(三)架子牛育肥技术

18~24月龄肉牛,在出栏前的3~4个月进行催肥,称架子牛育肥。

1. 育肥方法

(1)育肥前期(适应期):约需15天。让刚进场的架子牛充分饮水,自由采食粗饲料,上槽后仍以粗饲料为主,每日每头0.5千克精饲料,与粗饲料拌匀后饲喂,逐渐增加到1千克,尽快完成过渡期,日增重可达到0.8千克。精饲料参考配方:玉米51%、豆粕25%、麦麸23%、骨粉0.5%、盐0.5%。先喂粗饲料,后喂精饲料,每日喂3次。

(2)育肥中期(过渡期):通常为30天左右。此期应选用全价、高效、高营养的饲料,让牛逐渐适应精饲料型日粮,日增重可达到1千克左右。精饲料参考配方:玉米51%、豆粕25%、麦麸23%、骨粉0.5%、盐0.5%。每日每头喂1~2千克精饲料,粗饲料自由采食,先喂粗饲料,后喂精饲料,每天喂3次。

(3) 育肥后期（催肥期）：约需 45 天。适当增加饲喂次数，并保证充足饮水。日粮以精饲料为主，日增重 1.2 千克左右。精饲料参考配方：玉米 54%、豆粕 30%、麦麸 15%、骨粉 0.5%、盐 0.5%。每日每头喂 2~4 千克精饲料，粗饲料自由采食，先喂粗饲料，后喂精饲料，每天喂 3 次。

2. 架子牛的管理

育肥架子牛一般采取单槽舍饲，短缰拴系，限制活动，使其囤膘增肥。拴系的缰绳长 40~60 厘米，日喂 3 次，保证充足饮水。做到五净，即草料净、饮水净、饲槽净、牛舍净、牛体净。牛舍内要保持干燥，每月消毒 1 次。架子牛经过 3 个月左右育肥后，总增重量达 80~90 千克，即可出栏。

第三节　羊养殖技术

一、种公羊的饲养管理

种公羊饲养得好坏，对提高羊群品质、外形、生产性能和繁育育种影响很大。因此，种公羊的饲养管理要做到科学、合理。

（一）种公羊的基本要求

应常年保持中上等膘情、活泼、健壮、精力充沛、性欲旺盛，精液品质良好，不宜过肥过瘦。

（二）种公羊的饲养管理方法

种公羊的饲养可分为非配种期和配种期。

1. 非配种期

此期饲养要求是保证足够的能量供应，并供给一定量的蛋白质、维生素和矿物质。

在冬、春季，每天应补饲混合精饲料及各种缺乏的营养物质。种公羊冬、春季每天的放牧运动不少于6小时，夏季不少于12小时。

2. 配种期

配种期种公羊的饲养管理必须认真，管理重点落实到每一个细节。制订严格的管理流程表，对于种公羊的采食、饮水、运动、粪便排泄等情况每天需要详细记录。确保种公羊饲养圈舍清洁卫生，制订严格的消毒流程。确保饲料营养全价，严禁使用霉变饲料，并减少饲料浪费。确保饮用水源洁净卫生，避免污染问题，青草或干草必须被放置在草架上进行喂养。为搞好配种期种公羊的饲养管理，可细分为配种准备期、配种期和配后复壮期。

配种准备期是指配种前1.0~1.5个月，因为精子的生成，一般需要50天左右，营养物质的补充需要较长时间才能见效。所以在此时就应喂配种期日粮。配种期日粮富含能量、蛋白质、维生素和矿物质。混合精饲料时，可按配种期喂量的60%~70%给予，逐渐增加到正常喂量。

管理上应对种公羊进行调教（具体方法：把公羊放入发情母羊群里；在别的公羊配种时在旁观摩；按摩睾丸，每日早晚各1次，每次10~15分钟；将发情母羊阴道分泌物抹在公羊鼻尖上刺激性欲等）。种公羊在配种前3周开始进行采精训练。第1周隔2日采精1次，第2周隔日采精1次，第3周每日采精1次，以提高公羊的性欲和精液品质，并注意检查精液品质，以确定各公羊的采精利用强度。

配种期为1.0~1.5个月，因为公羊1次射精需蛋白质25~27克，一般成年公羊每日采精2~3次，多者达5~6次，需消耗大量营养物质和体力，所以种公羊的饲料要多样化。

配后复壮期是指配种结束后的1.0~1.5个月，这时的种公羊以恢复体力和增膘复壮为目的。开始时，精饲料的喂量不减，增加放牧或运动时间，经过一段时间后再适量减少精饲料，逐渐过渡到非配种期的营养水平，使其迅速恢复体况。

二、繁殖母羊的饲养管理

繁殖母羊在一年中可分为空怀期、妊娠期和哺乳期3个生理阶段，为保证母羊正常生产力的发挥和顺利完成配种、妊娠、哺乳等各项繁殖任务，应根据母羊不同生理时期的特点，采取相应的饲养管理措施。

（一）空怀期

母羊在完成哺乳后到配种受胎前的时期叫空怀期，约为3个月。

此时正处于青草季节，牧草生长茂盛、营养丰富，而母羊自身对营养需求相对较少，只要抓住膘，就能按时发情配种，如有条件可酌情补饲。据研究，在配种前1.0~1.5个月，对母羊加强放牧，突击抓膘，甚至在配种前15~20天实行短期优饲，母羊则能够发情整齐、多排卵、提高受胎率和产羔率。

（二）妊娠期

妊娠期可分为妊娠前期（前3个月）和妊娠后期（后2个月）。

1. 饲养

妊娠前期胎儿小、增重慢、营养需求较少。通常秋季配种后牧草处于青草期或已结籽，营养丰富，可完全放牧；但如果配种季节较晚，牧草已枯黄，放牧不能吃饱时就应补饲，日粮组成：苜蓿50%，青干草30%，青贮饲料15%，精饲料5%。

妊娠后期胎儿大、增重快（据测定，羔羊初生重的80%~90%在此期内完成）、营养需求较多，又处在枯草季节，仅靠放牧不能满足其营养需求。母羊的营养要全面，若营养不足，则羔羊体小毛少、抵抗力弱、容易死亡，母羊分娩衰竭、泌乳减少。但这并不代表营养越多越好，若母羊过肥，则容易出现食欲减退，反而使胎儿营养不良。因此，在妊娠的最后5~6周，怀单羔的母羊可在现有喂量的基础上增加12%，怀双羔的母羊则增加25%。日粮组成：混合精饲料0.45千克、优质干草1.0~1.5千克，青贮饲料1.5千克。精饲料比例在产前6~3周增至18%~30%。

在母羊体质健壮、发育良好的情况下，产前1周要逐渐减少精饲料，产后1周要逐渐增加精饲料，以防因产奶量多、羔羊小、需奶量少而导致乳房炎。

2. 管理

（1）严防妊娠母羊腹泻：青饲料含水分过多或采食带露水的青草，常会引起妊娠母羊腹泻，使肠蠕动增强，极易导致妊娠母羊流产，应注意青、干草料搭配。

（2）避免妊娠母羊吃霜草、霉变料和饮用冰碴水。

（3）严防急追暗打、突然惊吓，以免流产。

（4）出入圈、放牧、饮水时要慢要稳，防止滑跌、拥挤，并在地势平坦的地方放牧。

（5）患病的妊娠母羊要严禁打针驱虫。

（6）在放牧饲养为主的羊群中，妊娠后期冬季放牧每天6小时，放牧距离不少于8千米；但临产前7~8天不要到远处放牧，以免产羔时来不及回羊圈。

（7）母羊产前征兆：肷窝下陷、腹围下垂、乳房肿大、阴门肿大且流出黏液、常独卧墙角、排尿频繁、举动不安、时起时卧、不停地回头望腹、发出鸣叫等。对羊舍和分娩栏进行一次大扫除、大消毒，修好门窗，堵好风洞，备足褥草等，通知有关人员要做好分娩前的准备工作。

(三) 哺乳期

哺乳期的长短取决于育肥方案的要求,一般为 3~4 个月。

1. 饲养

羔羊出生后 2 个月内的营养主要靠母乳,故母羊的营养水平应以保证泌乳量多为前提。

哺乳母羊的营养水平与下列因素有关。

(1) 与泌乳量有关,通常每千克鲜奶可使羔羊增重 176 克,而肉用羔羊一般日增重 250 克,故日需鲜奶 1.42 千克。再按每产 1 千克鲜奶需风干饲料 0.6 千克计算,则哺乳母羊每天需风干饲料 0.85 千克。据研究,哺乳母羊产后头 25 天饲喂高于饲养标准 10%~15% 的日粮,羔羊日增重可达 300 克。

(2) 与哺乳羔羊的数量有关,一般补饲情况如下。①精饲料:产单羔母羊为 0.5 千克,产双羔母羊为 0.7 千克,哺乳中期以后减至 0.3~0.4 千克。②青干草:产单羔母羊日补饲苜蓿干草和野干草各 0.5 千克,产双羔母羊日补饲苜蓿干草 1 千克。多汁饲料均补饲 1.5 千克。

2. 管理

(1) 对产后头 3 天的母羊,应给予易消化的优质干草,尽量不补饲精饲料。因为大量的精饲料往往会伤及肠胃,导致消化不良或发生乳房炎。以后根据母羊的肥瘦、食欲及粪便的状态等,灵活掌握精饲料和多汁饲料的喂量,一般 10~15 天后,再按饲养标准饲喂应有的日粮。

(2) 要保证充足的饮水和羊舍清洁干燥。

(3) 胎衣、毛团等污物要及时清除,以防羔羊吞食得病。

(4) 要经常检查母羊乳房,以便及时发现奶孔闭塞、乳房炎、化脓或无奶等情况。

三、哺乳羔羊的饲养管理

羔羊的哺乳期可分为哺乳前期、哺乳中期和哺乳后期3个阶段。

（一）哺乳前期（出生至20~25日龄）

此期白天夜晚母子共圈，应做好哺乳、早开食、早运动和加强护理等工作。

1. 哺乳

早吃初乳：生后1~3天，要注意让羔羊吃好初乳。母羊的初乳中含有丰富的蛋白质、脂肪、抗体以及大量的维生素和镁盐，对羔羊增强体质和排出胎粪有很重要的作用。因此，羔羊出生后20~30分钟，能自行站立时，就应人工辅助其吃到初乳。但要注意：第1次吃奶前，一定要把母羊乳房擦洗干净，并挤掉少量乳汁后再让羔羊吃奶。

吃足常乳：此期羔羊以母乳为主。充足的奶水，可使羔羊2周龄体重达到其初生重的1倍以上。达不到这一标准者则说明母羊奶水不足，需多加精饲料和多汁饲料，促使母羊多产奶。此期宜采用羔羊跟随母羊自由哺乳的方式。

2. 早开食

出生后7~10天的羔羊，能够舔食草料或食槽、水槽时，就应开始喂青干草和饮水。故羔羊舍内应常备青干草、粉碎饲料或盐砖、清洁饮水等，以诱导羔羊开食，刺激其消化器官的发育。

出生后15~20天的羔羊，随着羔羊采食能力的增强，应在15日龄就开始补饲混合精饲料，方法以隔栏补饲最好，其喂量应随日龄而调整。一般情况下15日龄的羔羊日喂量为50~75克，30~60日龄达到100克，60~90日龄达到200克，90~120日龄达到250克。

3. 早运动

出生后 10 日龄左右的羔羊，可在晴朗天气里，放入运动场让其自由活动，增强体质，出生后 20 日龄的羔羊可在附近草场上自由放牧。

4. 加强护理

初生羔羊体温调节功能不完善，血液中缺乏免疫抗体，肠道适应性差，抗病或抗寒能力差，故出生后一周内死亡较多，据研究，7 天之内死亡的羔羊占全部死亡数的 85% 以上，危害较大的疾病是"三炎一痢"（即肺炎、肠胃炎、脐带炎和羔羊痢疾）。要加强护理，搞好棚圈卫生，避免贼风侵入，保证吃奶时间均匀，以提高羔羊成活率。羔羊时期坚持做到"三早"（即早喂初乳、早开食和早断奶）、"三查"（即查食欲、查精神和查粪便），可有效提高羔羊成活率。

（二）哺乳中期（20~25 日龄至母子合群放牧）

在这段时间里要抓好以下两点。

1. 饲料多样化

羔羊由单靠母乳供给营养改变为母乳加饲料。饲料的质量和数量直接影响羔羊的生长发育，应以蛋白质多、粗纤维少、适口性好的饲料为佳。

2. 定时哺乳

母子分群管理，定时哺乳。在羊栏中建羔羊自由进出口（通道）以便羔羊补饲。

（三）哺乳后期（从母子合群放牧至羔羊断奶）

此期白天母子同群外出放牧，夜间共圈休息。

饲养上，羔羊采食能力增强，由中期的母乳加草料变为现在的草料加母乳。应加强补饲，以减轻羔羊对母羊的依赖，选择适当时机及时断奶，尽量减轻断奶对羔羊的应激，保证羔羊的正常生长发育。

四、育成羊的饲养管理

育成羊是指断奶后到初配前的羊。这个阶段羊的消化功能从不健全发育到健全和完善,生长发育达到性成熟,再继续发育到体成熟。羊的性成熟年龄在 4~10 月龄,出现第 1 次发情症状和排卵时,体重是成年羊的 40%~60%。此时生长发育尚未完全,不适宜配种。羊的体成熟是指性成熟后继续发育到体重为成年羊的 70%。育成期有两个显著特点,即断奶造成的应激和生长快速而相对营养不足。在整个育成阶段,羊只生长发育较快,营养物质需要量大,如果营养不良,就会显著影响生长发育,从而造成个头小、体重轻、四肢高、胸窄、躯干偏小。同时,还会使体质变弱、被毛稀疏,性成熟和体成熟推迟,不能按时配种影响生产性能,甚至失去种用价值。可以说,育成羊是羊群的未来,其培育质量是羊群的关键。

(一) 饲养

羔羊断奶前后适当补饲,可避免断奶造成的应激,并对以后的育肥增重有益。因此,断奶初期最好早晚两次补饲,并在水、草条件好的地方放牧。秋季应狠抓秋膘。越冬时应以舍饲为主、放牧为辅,每日每只羊应补给混合精饲料 0.2~0.5 千克。育成公羊由于生长速度比母羊快,所以其饲料定额应高于母羊。

优质青干草和充足的运动,是培育育成羊的关键。充足而优质的干草,有利于消化器官的发育,培育成的羊骨架大、采食量大、消化力强、活重大。若料多而运动不足,会导致育成羊个子小、体短肉厚、种用年限短。运动对于育成公羊来说更重要,每天运动时间应在 2 小时以上。

(二) 管理

断奶后,应按性别、大小、强弱分群:先把弱羊分离出来,尽早补充富含营养且易于消化的饲料、饲草,并随时注意大群中体况跟不上的羊只,及早隔离出来,给予特殊的照顾。根据增重情况,调整饲养方案。

第1年入冬前,对育成羊群集体驱虫1次。同时防止羔羊发生肺炎、大肠杆菌病、肠痉挛和肠毒血症等。

(三) 适时配种

一般育成母羊在满8~10月龄、体重达到40千克或达到成年母羊体重的65%以上时配种,育成母羊的发情不如成年母羊明显和规律,因此要加强发情鉴定,以免漏配。育成公羊须在12月龄以后,体重达70千克以上再配种。

育成羊的发育状况可用预期增重来评价,故按月固定抽测体重是必要的。要注意称重应在早晨未饲喂前或出牧前进行。

五、育肥羊的饲养管理

(一) 育肥方式

1. 舍饲育肥

第一种是将山羊圈养,让山羊自由采食饲喂青贮饲料、微贮饲料或优质干草。第二种是割草饲喂,每日每只山羊喂3~5千克青草,再补饲精饲料0.2~0.4千克即可;每日饲喂2~3次,上、下午饲喂后可让羊到运动场自由活动。

2. 放牧育肥

放牧育肥可节约成本、充分利用草场、肉质好,但易受气候及草场等因素的影响,育肥效果不稳定。一般选在8—10月夏、秋季放牧育肥,放牧2~3个月体重达30~40千克时出栏。选择牧草丰富的草场,实行划区放牧,每7天左右轮换1次,保证每日每只山羊在3~5小时采食到5千克以上草料,一般晚上不补饲。放牧时,水、盐、草缺一不可,可将盐撒在草坡石板上或放在盐槽内供羊自由舔食，每只羊日供盐量5~15克。阴雨天不能放牧，则参照舍饲育肥法饲养。

3. 混合育肥

一般为夏、秋季晴天放牧饱食草料。冬、春季枯草期及阴雨天参照舍饲育肥法饲养。

（二）羔羊育肥技术

要求选体格大、早期生长速度快的肉用品种或杂交种的断奶羔羊，一般经过60~90天全程舍饲育肥后体重达30~40千克即可上市。

羔羊出生后随母羊生活，20日龄开始利用隔栏补饲的方法训练采食精饲料，30日龄起能正式采食精饲料、优质干草等，45~60日龄断奶，实行圈内留仔不留母。羔羊参照舍饲育肥法饲养至出栏。

（三）成年山羊育肥技术

成年山羊育肥主要是瘦弱羊及来自繁殖群中的淘汰老母羊和公羊，其在年龄、体格、体重、膘情及健康方面均有较大的差异。因此在育肥前要做好称重、分群、防疫和驱虫等工作。

1. 舍饲育肥技术

一般将整个育肥期分为适应期、过渡期和催肥期3个阶段。适应期一般为10天，饲粮以优质干草为主，不喂或少喂精饲料。过渡期一般为25天，逐渐增加精饲料的喂量，饲喂量为每日0.3~0.4千克/只；催肥期的精饲料饲喂量则为每日0.5~0.6千克/只，饲喂次数由每日2次变为每日3次。山羊可自由采食青贮饲料、微贮饲料或优质干草等饲草；或每日每只山羊喂3~5千克青草，尽量让羊吃饱，经育肥50天左右即可上市。

2. 放牧加补饲技术

夏、秋季由于牧草丰盛，以放牧为主，辅以补饲精饲料，其效果也不错。成年羊每日采食青草 5~6 千克，补饲精饲料 0.3~0.4 千克即可。一般在早、晚进行补饲。经 30~40 天育肥即可上市。

第四节 鸡养殖技术

一、雏鸡的饲养管理

（一）及时饮水、开食

雏鸡接运到育雏舍安置好后，开始饲养的最佳时间是在出壳后 24 小时左右，先饮水，饮水 2~3 小时后再开食。

1. 饮水

头 1 周可饮温开水，卫生干净。初饮时对个别不会饮水的雏鸡要人工帮助，可将鸡嘴浸入水中几下。保持饮水清洁卫生，饮水器每天清洗消毒 3~4 次，及时更换新鲜饮水。饮水器数量要充足，分布均匀，高度、大小随鸡日龄增大而调整。为满足雏鸡饮水充足，初饮开始至 1~2 周可用真空饮水器，之后过渡为乳头饮水器。雏鸡要随时、自由，不要间断。为提高雏鸡的抵抗力、减少死亡率，头几天可在饮水中加入电解多维素或 5% 左右的葡萄糖。另外，要注意观察鸡群每天饮水量的变化，健康鸡饮水量一般为采食量的 2~3 倍，若饮水量突然增多或减少，应及时查找原因。水是最重要的营养物质，不管在任何时候必须给鸡提供良好品质的饮水。

2. 开食与喂饲

雏鸡第 1 次吃料叫开食。开食料要新鲜、颗粒大小适中、营养丰富、易于啄食和消化，最好用全价颗粒饲料的破碎料开食。开食后前几天可将饲料撒在开食料盘内，让鸡自由啄食，对不会吃料的雏鸡要人工训练。2~3天后逐渐改用小鸡料槽或料桶，以减少饲料的浪费和污染。要保证足够的槽位，确保所有雏鸡同时采食，料槽高度、大小随鸡日龄增大而调整。头几天饲料不要加得太多，以免浪费，应多次少量、勤添勤喂，第1~2周每天喂5~6次，第3~4周每天喂4~5次，以后每天喂3~4次。立体笼育时，开始在笼内放置料盘喂料，1周后训练在笼外吃料。

（二）提供适宜的环境条件

1. 合适的温度

育雏温度是否合适，可通过温度计观测，为了让温度计的读数准确反映鸡舍温度，应将温度计置于远离进风口、热源、与鸡背等高的位置，一般每1 000~2 000只鸡放置1支温度计。除了观察温度计外，更重要的是观察鸡群的精神状态和活动表现。

2. 适宜的湿度

育雏初期的1~10天，由于舍内温度高、水分来源少，舍内容易干燥，可适当提高湿度，以60%~70%为宜，以防止幼雏体内水分过量蒸发引起脱水，有利于腹内卵黄的吸收。雏鸡10日龄后，由于体重的增加，采食和饮水增多，呼吸和排粪量也随之增多，育雏舍内容易潮湿。为防止球虫病的发生，湿度应保持在50%~60%。常用的增湿办法是定期向室内地面喷水，常用的降湿办法是加强通风换气、更换垫料、防止饮水器漏水等。湿度良好的标志是人进入后有湿热的感觉，不会感到鼻干口燥，无尘土飞扬；雏鸡脚爪润泽、细嫩。

3. 新鲜的空气

鸡只代谢旺盛，加之鸡群密集，需要较多的新鲜空气，所以通风对养鸡生产尤其重要。通风时应尽量避免冷空气直接吹入，可用导风板的方法缓解气流。通风时间最好选在晴天中午前后，门窗的开启应由小到大，切不可突然将门窗大开让冷风直吹，使舍温突降。冬季通风换气最好安排在中午温度较高时进行。生产中一定要解决好通风与保温的关系：育雏前期（1~3周），雏鸡的绒毛保温能力差，不具备体温调节能力，对外界温度的变化敏感，在温度与通风的关系上，要以保温为主；从4周龄开始，加强通风，注意保温，保持舍内良好的通风换气。

4. 光照

光照与雏鸡的采食、饮水、活动、健康和发育有密切关系。育雏期的光照时间原则：1周或转群后几天，保持较长的光照时间，以便雏鸡熟悉环境，然后逐渐减少到最低，但最短每天不能少于8小时光照。育雏头3天光照强度为20勒克斯（节能灯约2瓦/米^2），以后逐渐减少光照强度至5勒克斯（节能灯约0.5瓦/米^2），过渡到育成鸡光照。灯具安装原则是照度均匀，具体要求：灯具距地面2米，灯距是灯高的1.5倍，交错排列；笼养的灯具应布于走道上方，注意下层鸡笼的照度；灯具加灯罩并经常擦拭，及时更换损坏的灯具。

5. 合理的密度

雏鸡密度过大，易出现闷热拥挤、影响运动、干扰采食饮水，导致舍内空气污浊，雏鸡易发生啄癖、发育不整齐、成活率低；若密度过小，房舍及设备利用率低，饲养成本高。雏鸡适宜的饲养密度见表4-3。采食位置要根据鸡日龄大小及时调节，以保证每只鸡都能同时采食。

表4-3 不同育雏方式适宜的雏鸡饲养密度　　单位：只/米^2

周龄	地面平养	网上平养	立体笼养
1~2	30	40	60
3~4	25	30	40
5~6	20	25	30

（三）适时断喙

为预防啄癖和减少饲料浪费，应适时断喙。断喙要遵循一定的程序，一般有两种器械：一种是电热式断喙器，另一种是红外线断喙器。电热式断喙器的孔眼直径有4.0毫米、4.4毫米、4.8毫米3种，1日龄雏鸡断喙可用4.0毫米的孔眼，7~10日龄雏鸡可采用4.4毫米的孔眼，成年鸡可用4.8毫米的孔眼。刀片的适宜温度为600~800 ℃，此时刀片颜色为樱桃红色。具体操作：左手保定鸡只，将鸡腿部、翅膀以及躯体保定住，将右手拇指放在鸡头顶上，食指放在咽下（以使鸡缩舌），稍加压力，使双喙闭合后稍稍向下倾斜，同伸入断喙孔中，借助于断喙器灼热的刀片，将上喙断去喙尖至鼻孔之间的1/2，下喙断去喙尖至鼻孔之间的1/3，并烧烙止血1~2秒。

（四）适时脱温、转群

当雏鸡满6周龄且能完全适应环境温度后即可脱温，降温要缓慢，5~6周龄时可转入育成鸡舍。提前对育成鸡舍进行消毒，转群时采用过渡性换料，转群前后3天在饮水中添加电解多维素，以减少应激反应。转群前6小时停料，转群当天连续24小时光照，保证采食、饮水，尽量减少两舍间的温差。转群要避开断喙和免疫接种，最好选择清晨或晚上进行。转群时选择并淘汰病鸡、弱鸡和残鸡。

二、育成蛋鸡的饲养管理

（一）育成蛋鸡的饲养管理

育成鸡，也叫后备种鸡，是指7~20周龄的鸡。此阶段的鸡，消化机能已健全，采食量与日俱增，骨骼、肌肉处于生长旺盛时期，沉积钙和脂肪的能力逐渐增强，尤其是性腺开始发育。如果此阶段继续保持丰富营养，则会造成过肥或早熟，直接影响今后的产蛋性能和种用价值。因此，育成鸡要限制饲养。

1. 限制饲养

蛋用鸡生长较慢，一般应在9周龄以后，才实行适当限制饲养。在我国目前生产水平下，白壳蛋鸡一般不限饲，褐壳蛋鸡育成期应适当限饲。从限制饲养开始饲喂后备蛋鸡饲料（需要5~7天的逐渐过渡），这是营养水平相对较低的饲料，不能自由采食，而是饲喂自由采食量的90%~95%。

2. 抽称体重

育成鸡应每周抽称体重1次，与标准体重对比，以便及时调整喂料量、正确控制体重，使育成鸡的体重达到标准要求。各品种鸡的体重要求不同，可参考该品种的喂料量与体重标准表。

3. 适当分群

将鸡按公母、强弱、大小分开饲养。分别给予不同喂料量，如大的、强壮的喂料少一点，小的、弱的喂料多一点，中等的鸡按标准喂料，使全群生长发育均匀。及时淘汰不适于留种的鸡只。

4. 及时转入蛋鸡舍

在开产前2~4周转入蛋鸡舍，让鸡有足够的时间熟悉和适应新的环境，减少环境变化导致的应激给开产带来不利的影响。蛋鸡约18周龄时转群。

5. 合理光照

光照管理对于蛋鸡很重要。光照能影响鸡的性成熟时间和开产后的产蛋量。光照管理有两个基本原则。①育成期每天光照时间应保持恒定或稍减少，不能增加。②产蛋期每天光照时间应保持恒定或逐渐增加，不能减少，但最长不超过每天17小时。

养殖户可以采用最简单的光照方案：育雏期，每天24小时光照；育成期，可采用自然光照；至19周龄时每天人工补充1

第四章 畜禽养殖技术

小时光照，以后每周增加 30 分钟，直到每天 16 小时光照，然后保持恒定不变。

（二）开产前饲养

1. 转入蛋鸡舍或上笼

在 18 周龄左右转入蛋鸡舍或上笼。

2. 饲料过渡

在 18~19 周龄将后备鸡料逐渐转为蛋鸡料。饲料过渡方法：前 3 天，75%后备鸡料+25%蛋鸡料；中 3 天，50%后备鸡料+50%蛋鸡料；后 3 天，25%后备鸡料+75%蛋鸡料；第 10 天开始，100%蛋鸡料。

3. 解除限制饲养

转为蛋鸡料后，逐渐解除限制饲养，开始自由采食。

4. 放入产蛋箱

平养蛋鸡，在 20 周龄前放入产蛋箱，以减少窝外蛋。每 4~5 只配 1 个产蛋箱。

5. 增加光照

19 周龄时每天人工补充 1 小时光照，以后每周增加 30 分钟，直到每天 16 小时光照，然后保持恒定不变。

（三）开产后饲养

在合理的饲养管理下，蛋鸡约在 22 周龄开产（产蛋率达 50%），30 周龄左右到达产蛋高峰期，高峰期可持续 2~3 个月。

1. 分段饲养

采用分段饲养。一般多采用两段法。

（1）开产至 50 周龄，为第 1 段，此时鸡体尚在发育，又是产蛋上升期，喂粗蛋白质含量为 17%~18%的日粮。

（2）50 周龄以后，为第 2 段，此时鸡体发育已完成，且产蛋量渐降，喂粗蛋白质含量为 14%~15%的日粮。

以产蛋高峰期结束为界,前期自由采食,后期适当限饲。

2. 日常管理

(1) 注意观察鸡群动态。

(2) 掌握合适的密度。

(3) 维持环境的相对稳定、安静。蛋鸡容易受惊而致减产,所以一定要避免应激。生产中要求做到"定人定群",工作程序也要相对稳定。

(4) 减少破蛋、脏蛋。勤捡蛋,每天要捡 4 次,上午捡 2 次,下午捡 2 次。

(5) 做好记录工作。记录每天产蛋量、耗料量、用药情况、疾病情况、死亡淘汰情况等。

3. 季节管理

夏季要注意防暑降温。蛋鸡易中暑死亡,越高产的蛋鸡越易中暑死亡。

防暑降温可采用以下方法:①鸡舍装风扇;②鸡舍内走道洒水;③鸡舍屋顶淋水;④鸡舍采用钟楼式屋顶;⑤鸡舍内采用纵向通风;⑥鸡舍内采用"湿帘+喷雾+纵向通风"的做法。

冬季要防寒保暖。寒冷对鸡的影响不如炎热,但寒冷也可使产蛋量下降。鸡产蛋最适温度为 13~20 ℃,湿度为 40%~72%。

三、优质型肉鸡的饲养管理

优质型肉鸡的饲养期一般分为 3 个阶段:育雏期(0~3 周龄)、生长期(4 周龄至出栏前 2 周)、育肥期(出栏前 2 周至出栏),不同阶段对饲养管理的要求也不同。优质型肉鸡的育雏期的饲养管理可参考雏鸡的饲养管理,下面重点介绍优质型肉鸡的生长期、育肥期的饲养管理。

(一) 生长期、育肥期的饲养管理

生长期优质型肉鸡生长发育快,采食量不断增加,应及时更换生长期饲料。饲料要保存在避光、干燥、通风处，防止因发霉、潮湿或日光照射造成的饲料废弃。育肥期要促进肌肉生长及脂肪沉积，增加鸡的体重、改善肉鸡品质及鸡的外貌，适时上市。

1. 饲料与饮水

优质型肉鸡在不同生长阶段要及时地更换相应的饲料，每天喂料至少3次，每次投料不超过料槽高度的1/3，料槽要及时更换，每周调整料槽的高度，一般使料槽上沿高度与鸡背等高或高出2厘米，料槽数量要足够并且分布均匀。

饮水要新鲜清洁，每采食1千克饲料要饮水2~3千克。自动饮水时要确保饮水器内充满水，饮水器数量足够且分布均匀，饮水器的高度要及时调整，边缘与鸡背保持相同的高度。

2. 鸡群的观察

饲养人员要注意观察鸡群的状况，做到有问题早发现，并及时处理。经常观察鸡群是优质型肉鸡管理的一项重要工作：一是检查鸡舍环境是否适宜，二是检查设备是否运转正常，三是观察鸡群是否健康。饲养员要注意对鸡只的行为姿态、羽毛、粪便、呼吸、饲料用量、健康状况等进行详细观察，通过观察可及时发现一些问题。鸡舍小气候不适宜时要立即调整好，如发现鸡群有病态表现时，饲养人员不许随意投药，应立即报告兽医人员，由兽医人员负责采取相应的技术措施。

3. 分群

随着鸡只体重的增长，要及时进行公母、大小、强弱分群。这有利于提高整齐度和饲养效益。及时扩群，保持合理的饲养密度。

(二) 放牧饲养

有些优质型肉鸡耐粗饲，抗病性、适应性强，适于放牧饲养，有放牧或半放牧等饲养方式。30日龄左右的雏鸡，体重在0.4千克左右时可开始放牧饲养。在转移至放牧地前，要做一些适应工作，如逐渐停止人工供温，使鸡群适应外界气温。另外，要在舍内进行"闻哨回窝"的训练，每次喂料前吹哨，使鸡养成听到哨音返回补饲地点吃食的条件反射。饲料中可添加少量青绿饲料，以适应放牧时鸡群采食青绿饲料。

晴朗暖和的天气适合放牧，放牧时间由短到长，让鸡逐渐适应放牧饲养。开始放牧时仍保持舍饲时的喂料量，让其自由采食，以后逐渐由全价饲料为主向以昆虫和杂草为主过渡。在饲料投放方面，采取早上少喂、中午不喂、晚间多喂的饲喂制度，以强化觅食能力、降低生产成本、改善肉鸡品质。放养场地执行轮牧，有利于其生态的恢复，利用日光等自然因素杀死病原，减少疾病的发生。

第五节　鸭养殖技术

一、肉鸭的饲养管理

（一）肉用仔鸭生产的特点

1. 生长特别迅速，饲料报酬高

肉用仔鸭的早期生长速度是所有家禽中最快的，8周龄体重可达3.2~3.5千克，甚至6~7周龄即可上市出售。一般饲养至8周龄上市，全程耗料比为1∶3左右；饲养7周龄上市，全程耗料比降到1∶（2.6~2.7）。因此，肉用仔鸭的生产要尽量利用早期生长速度快、饲料报酬高的特点，在最佳屠宰日龄出售。

2. 体重大，出肉多，肉质好

大型肉鸭的上市体重一般在3千克以上，比麻鸭上市体重高出 1/3~1/2，尤其是胸肌特别丰厚，因此，出肉率高。据测定 8 周龄上市的大型肉用仔鸭的胸腿肉可达 600 克以上，占全净膛重的 25%以上，胸肌可达 350 克以上，这种肉鸭肌间脂肪含量多，所以特别细嫩可口。

3. 生产周期短，可全年批量生产

肉用仔鸭由于早期生长特别快，饲养期为 6~8 周，因此，资金周转很快，对集约化的经营十分有利。由于大型肉用仔鸭是舍饲饲养，并且配套系的母系产蛋量甚高，所以无季节性的限制。

4. 采用全进全出制，建立产销加工联合体

肉用仔鸭的生产采用分批全进全出的生产流程，根据市场的需要，在最适屠宰日龄批量出售，以获得最佳经济效益。为此，必须建立屠宰、冷藏、加工和销售网络，以保证全进全出制的顺利实施。若超过最适屠宰日龄不能出售，以致不能实施全进全出制，则会带来严重的经济损失。

(二) 育雏阶段的饲养管理

1. 进雏前的准备

(1) 根据生产计划、饲养密度与鸭舍面积，估算饲养数量。

(2) 做好清扫和消毒工作。在进雏前，将育雏舍彻底清扫，选用 10%~20%石灰水、2%~5%氢氧化钠溶液、0.5%度米芬溶液或者其他消毒液喷洒地面、墙壁、门窗等，并采用福尔马林溶液密闭加热熏蒸消毒 24 小时，每立方米用福尔马林溶液 25~30 毫升。把洗净的用具用消毒液浸泡，干燥后放入育雏舍一起熏蒸消毒。

(3) 准备好养鸭用具。每 1 000 只鸭配置开食盘 10 个、小饲料桶 10 个、中饲料桶 10 个、大饲料桶 2 个 (直径为 50~60 厘米)、中饮水器 10 个等。

（4）准备好垫料及保温设备。进鸭苗前 2 天，地面育雏舍铺好木屑、谷壳或稻草（切成 3~5 厘米小段）等垫料，网上育雏无需垫料；准备好保温灯、保温伞（架）等设备，并检查舍内有无贼风进入，在墙壁上安装抽风机以便换气。

（5）调节温度。在雏鸭进舍前 12 小时，开启保温设备进行预热，使保温伞（架）内温度达到 30~32 ℃，并保持恒温。

（6）调节湿度。适宜的湿度对育雏质量也很重要，湿度过低容易使雏鸭脱水，湿度过高易诱发多种疾病，造成雏鸭球虫病爆发。育雏舍相对湿度应控制在 55%~65%，随日龄增加，要注意保持鸭舍的干燥，要避免漏水，防止粪便、垫料潮湿。

（7）备好饲料及药品。备足营养全面、适口性好、易消化的饲料及常用药品，如高锰酸钾、福尔马林、青霉素、链霉素、氯霉素、多种维生素等。

2. 育雏期的饲养管理

（1）接雏和分群。把雏鸭从出雏机中拣出，在孵化室内绒毛干燥后转入育雏室，此过程称为接雏。接雏可以分批进行，尽量缩短在孵化室的逗留时间，千万不要等到全部雏鸭出齐后再接雏，以免早出壳的雏鸭不能及时饮水和开食，导致体质变弱，影响生长发育，降低成活率。雏鸭转入育雏室后，应根据其出壳时间的早晚、体质的强弱和体重的大小，把体质好的和体质弱的雏鸭分开饲养，特别是体质弱小的弱雏，要把它放在靠近热源，即室温较高的区域饲养，以促使"大肚脐"雏鸭完全吸收腹内卵黄，最终提高成活率。体质差很多的雏鸭应分群饲养，雏群的大小以 200~300 只为宜。

第 1 次分群后，雏鸭在生长发育过程中又会出现大小、强弱的差别，所以要经常把鸭群中体强和体弱的雏鸭挑选出来，单独饲养，以免两极分化，即强的更强，弱的因抢食抢水能力差而越

第四章 畜禽养殖技术

来越弱。通常在 8 日龄和 15 日龄时，结合密度调整，进行第 2、3 次分群。

(2) 饮水和开食。雏鸭育雏要掌握"早饮水、早开食，先饮水、后开食"的原则，先饮水后开食，有利于雏鸭的胃肠消毒，减少肠道疾病。

方法是在接进雏鸭后在地面上放 1 块塑料薄膜，洒一些含有电解多维素的凉开水，让雏鸭自由饮水，然后逐渐地换成小饮水器，这样可以大大降低雏鸭的死淘率，提高成活率。

首次饮水 2~3 小时后开食。开食可以用肉小鸭（鸡）的颗粒饲料，持续使用 3 天左右。另外，在开食时，还可以把饲料用水拌湿后撒在塑料薄膜上任其采食，一开始少撒，边唤边撒，引导雏鸭认食找食。少喂勤添，逐渐过渡到定时，3 日龄之前每隔 2 小时喂 1 次，晚上 2 次，逐渐减少到 21 日龄每日 4 次。

(三) 育成阶段的饲养管理

肉鸭 3~7 周龄称为中雏，也称育成鸭阶段。因为育成鸭一般不再需要保温，饲养密度也小得多，育成鸭可采用地面平养、离地网面平养、圈养或舍内与运动场结合的饲养方式。中雏期是鸭子生长发育最迅速的时期，对饲料营养要求高，且食欲旺盛，采食量大。中雏期的生理特点是对外界环境的适应性一般较强，比较容易管理。其饲养管理的要点如下。

1. 过渡期的饲养

(1) 饲料。在从雏鸭舍转入中雏舍的前 3~5 天，将雏鸭料逐渐调换成中雏料，使育成鸭逐渐适应新的饲料。过渡期一般至少 3 天，具体方法是第 1 天雏鸭料占 2/3；第 2 天雏鸭料占 1/2；第 3 天雏鸭料占 1/3；第 4 天完全用中雏料。

(2) 温度。除冬季和早春气温低时采用升温方式育雏饲养，其余时期中雏的饲养均采用自然湿度饲养方法。但若自然温度与

· 153 ·

育雏末期的室温相差太大（一般不超过 3~5 ℃），会引起感冒或其他疾病，这时就应在开始几天适当增温。

（3）空腹转舍。转群前必须空腹方可运出。

（4）逐步扩大饲养面积。若采用网上育雏，则雏鸭刚下地时，地上面积应适当圈小些，待雏鸭经过 2~3 天的锻炼，腿部肌肉逐步增强后，再逐渐增大活动面积。因为中雏舍的地面积比网上大，雏鸭一下地，活动量逐渐增大，一时不适应，容易导致鸭子气喘、拐腿，重者甚至引起瘫痪。

2. 中雏期的饲料

中雏期鸭生长发育迅速，对营养物质要求高，要求饲料中各种营养物质不仅全面，而且配比合理。科学试验证明，该期使用全价配合饲料能使肉鸭生长快、缩短饲养周期、提高饲料报酬、减少饲料浪费、降低饲养成本、提高经济效益。

3. 饲喂

根据中雏的消化情况，育成鸭阶段一般采取自由采食（或 1 昼夜饲喂 4 次）和自由饮水制。投喂全价配合饲料，或者混合均匀的粉料，用水拌湿，然后将饲料分堆撒在料盆内或塑料薄膜上，分批将鸭赶入进食。

鸭在吃食时有饮水洗嘴的习惯，喜欢戏水理毛，所以需水量大，而且水易弄脏，因而鸭舍中需适当增加饮水器数量，也可设长形的水槽，及时添换清洁饮水。

育成鸭采食和饮水时，应有适当的空间，以防抢食和生长不均匀。建议标准：采食宽度每只不少于 10 厘米，饮水宽度每只不少于 1.5 厘米，饲料桶和饮水器应均匀分布。

4. 育成鸭的饲养管理

（1）保持鸭舍内清洁干燥。中雏期容易管理，要求圈舍条件比较简易，只要有防风、防雨设备即可。但圈舍一定要保持清洁干燥。夏季运动场要搭凉棚遮阴,冬季要做好保温工作。

(2) 密度适当。中雏的饲养密度,饲养密度为:4周龄7~8只/米²,5周龄6~7只/米²,6周龄5~6只/米²,7~8周龄4~5只/米²。具体视鸭群个体大小及季节而定。冬季密度可适当增加,夏季可适当减少,气温太高时可让鸭群在室外过夜。不断调整密度,以满足雏鸭不断生长的需要,不至于过于拥挤,从而影响其摄食生长,同时也要充分利用空间。

(3) 分群饲养。将中雏鸭根据强弱、大小分为几个小群,尤其对体重较小、生长缓慢的中雏鸭应强化培育、集中喂养、加强管理,使其生长发育能迅速赶上同龄强鸭,不至于延长饲养日龄。

(4) 光照。适当的光照有益于中雏鸭的生长发育,所以中雏期间应坚持23小时的光照制度。

(5) 砂砾。为满足雏鸭生理机能的需要,应在中雏鸭的运动场上,专门放几个砂砾小盘,或在精饲料中加入一定比例的砂砾,这样不仅能提高饲料转化率、节约饲料,而且能增强其消化机能、提高鸭的体质和抗逆能力。

(四) 育肥阶段的饲养管理

商品鸭在7周龄至上市为育肥阶段,其饲养管理总原则是采取有效措施,加快生长速度,提高商品合格率。此期间肉鸭的机体各部分充分发育,各种机能不断加强,饲养水平可比育成鸭粗放些,除饲养密度应小些、饲养营养水平相对低些和慎防腿病外,其他饲养管理方法基本跟育成鸭相同。

1. 合理分群

鸭只育成期结束后,生长速度明显加快,饲养管理人员应随时进行强弱、大小、公母分群。分群最好在夜间或早晨进行,并在饮水中加入电解多维素以防产生应激。

2. 饲料更换

育肥阶段肉鸭体温调节机能已趋于完善，肌肉与骨骼的生长和发育处于旺盛期，绝对增重处于最高峰阶段，采食量迅速增加，消化机能已经健全，体重增加很快。育肥期肉鸭生长旺盛，需要的能量大，此时不可提高日粮能量水平，可使育肥期日粮的能量水平相对降低，而肉鸭可以根据能量水平调整采食量。相对降低日粮中的能量水平可促使肉鸭提高采食量，有利于肉鸭快速生长，也相应降低了饲料成本。育肥期的颗粒料直径可改为3~4毫米或6~8毫米。为减小由于饲料更换带来的应激，必须注意饲料的过渡，不能突然改变。过渡期一般至少3天，具体方法：第1天日粮由2/3过渡前料和1/3过渡后料组成；第2天由1/2过渡前料和1/2过渡后料组成；第3天由1/3过渡前料和2/3过渡后料组成；第4天完全改为过渡后料。

3. 强制育肥

6周龄以后的肉鸭即可进入育肥阶段，若不改变饲料配方，继续按中雏鸭同样的饲喂方法亦可，但增重速度不太理想，最好的方法是进行强制育肥，主要为了提高肉鸭肥度，使肉质更加鲜美细嫩。

育肥前，淘汰瘫、残、病鸭及体重过小鸭，并按鸭体重分为大、中、小3类，当中雏鸭养到45天时，开始育肥最为适宜。育肥期间要使用高能量、低蛋白的配合饲料（代谢能12.55兆焦耳/千克，粗蛋白14%~15%即可）。参考配方1：玉米粉60%、麸皮10%、草粉4%、米糠10%、豆饼4%、菜籽饼5%、鱼粉5%、骨粉1.7%、食盐0.3%；参考配方2：玉米35%、米糠30%、粗面粉26.5%、黄豆5%、贝壳粉2%、骨粉1%、食盐0.5%，后期去掉黄豆，减5%米糠，增加10%玉米。另外，每100千克饲料中添加砂砾2千克和少量电解多维素。

二、蛋鸭的饲养管理

（一）雏鸭选择

选择按时出壳、绒毛整洁、毛色正常、大小均匀、眼突有神、喙爪有光泽、行动活泼、脐带愈合良好、体膘丰满、尾端不下垂的壮雏鸭。

（二）雏鸭的培育

雏鸭从出壳到4周龄，称为雏鸭阶段。

1. 育雏方式

育雏方式有网上育雏和地面垫料育雏。

2. 育雏前1~2周准备

（1）鸭舍准备与消毒。进鸭前检修好鸭舍，备好各种饲养物品，提前1周对鸭舍、周围环境和设备进行彻底清扫和消毒。地面平养垫料要摊平，厚度5~10厘米，以不漏出地面为宜。网上平养育雏期间应铺塑料布或报纸，防止雏鸭受凉。

（2）鸭舍预温。进鸭前打开保温设备预先升温，使育雏范围的温度达到32~35 ℃。

进鸭前2小时放入准备好的饮水器，使水温达到20 ℃左右，1周内给雏鸭饮温水。

（3）保温设备。可选择煤炉、保温灯、保温伞等保温设备。煤炉保温要防止煤气中毒。

3. 雏鸭饲喂

1）开饮与喂水

雏鸭出壳后首次给水称开水。雏鸭入舍后要先饮水后开食。一般出壳24小时左右，大部分雏鸭有啄食行为时即可开水。开水时可将雏鸭赶入浅水盆或浅水池中，水深以0.5~1.0厘米为宜。或者向雏鸭身上喷水，让其互相啄食身上的水珠。早下水，可使雏鸭受到水的刺激，处于兴奋状态，促进新陈代谢，增进食欲和排出胎粪。要保证每只雏鸭都学会饮水。

开水后，第2天就可以用饮水器喂水。饮水器要特制的，够深，并能防止雏鸭进入洗浴。

开水时可添加0.01%电解多维素、5%葡萄糖水或抗菌药物以增强鸭体的抗病能力。

2）开食与喂料

开食，把料撒在报纸或塑料薄膜上。要保证每只雏鸭第1天都学会吃料。开食后，第2天就可用料桶喂料。

第1~2天喂夹生米饭；第3天起，掺入少量动物性鲜饲料；第7天起，过渡到喂配合饲料，并且加喂20%~30%的青饲料。也可以从第1天起就饲喂全价颗粒料。

雏鸭10日龄内喂料6~7次/天（白天4~5次，晚上1~2次）；11~20日龄喂料4~5次/天，晚上也要喂1~2次。饲喂量随日龄变化而变化，饲喂量一般第1天按2.5克/只，以后每天递增2.5克/只。

4. 雏鸭管理

1）温度

第1周内育雏室室温28~30℃，以后每周下降2~3℃，直至降到20℃时开始逐步脱温。将温度计挂在离地面15~20厘米高的墙壁测室温。

2）湿度

鸭虽然喜欢游水，但圈舍应干燥，如果久卧潮湿地面，不但影响饲料消化吸收，还会造成烂毛、患病。

育雏舍的湿度要求应为50%~60%。

雏鸭食量大、饮水多、排粪多而稀薄、喜欢玩水，所以保持育雏舍干燥是一件不容易的事情。

降湿方法：及时更换潮湿的垫草；喂水切勿外溢；通风换气良好。

3）通风

雏鸭体温高、呼吸快，易造成室内空气污浊，所以应加强通风，保持空气新鲜，无刺鼻眼的气味，但要防止贼风，不能让冷风直接吹到鸭身。

4）密度

1~14日龄为35~25只/米^2；15~28日龄为25~15只/米^2。

5）光照

蛋鸭胆小，为防止惊群，晚上应通宵弱光照明。3日龄内22~23小时，以后每天减少0.5~1.0小时，直至10小时后保持恒定。光照强度2~3瓦/米^2。育雏室内应保持通宵弱光光照，光照强度1~2瓦/米^2。应备有应急灯。

6）分群

鸭虽然不喜欢打斗，但抢料时也是很激烈的，根据出壳时间及鸭体质强弱进行分群，每群以200只左右为宜，防止打堆。

7）放水

天气温暖时，3日龄起雏鸭可调教下水。水的深度要由浅到深，从3日龄起可用浅水训练鸭下水，随着日龄增加，可逐渐增加水的深度。一般2~3次/天，每次5分钟左右，以"点水"为主，水温不低于15℃。5~15天开始自由下水活动。

通过洗浴与游泳，增加运动量，促进消化与代谢，促进骨骼、肌肉、羽毛的生长。

8）放牧

7日龄后，有条件的地方，可放牧饲养。放牧前要进行信号调教。

9）建立稳定的管理程序

雏鸭的饮水吃料、下水游泳、放牧觅食、上滩理毛、入舍歇息等都要定时定池，有一套管理程序，并保持不变。如果经常变动，会使雏鸭生长发育受阻，甚至患病而降低育雏率。

（三）育成鸭的饲养管理

育成鸭是指5~18周龄内的中鸭，也叫青年鸭。

1. 饲养

传统的育成鸭大多采用放牧饲养，但随着社会的发展，很多地方已不适合放牧饲养，因而现在大多采用圈养。

饲料用蛋鸭后备料，从雏鸭料转换为后备料要5~7天时间过渡。要供给充足、平衡的营养物质，特别是骨骼、羽毛生长所需的营养。蛋鸭生长慢，在育成期可以不用限制饲养，但最好喂粉料，这样不容易过肥。粉料的适口性差，应拌湿喂给，尤其是天气炎热时，要现拌现喂，不能拌得太多。

喂饲次数：每昼夜喂3~4次。

有条件的地方，应采用放牧饲养，结合补饲。放牧前要进行信号调教。

2. 管理方面

1）选择

60日龄时进行初选，剔除生长发育不良、毛色杂乱等残次鸭。100日龄时再进行复选，淘汰颈粗、身短及不符合品种特征的鸭。

2）光照

光照时间10~15小时/天，光照强度2~3瓦/米^2。舍内应通宵弱光照明，光照强度0.5瓦/米^2。

3）控制体重

加强运动，晴天尽量放鸭到运动场活动，阴雨天可定时赶鸭在舍内进行转圈运动，每次5~10分钟，每天活动2~4次。6周龄后要限制喂料量，多喂些青、粗饲料，以控制体重。要求120

日龄入舍鸭平均体重控制在1.4千克左右，均匀度75%以上。

4）放牧

（1）放牧场所。应选择有野草、昆虫、螺蛳等食物的场所放牧，放牧场所应无疫情、无污染。

（2）放牧时间。冬季、早春宜在无风、晴朗的中午，夏季宜在早晨、傍晚。放牧时应注意天气状况，避免在高温烈日、雨天或剧变的天气放牧。同时应避免噪声、惊吓等引起的应激。

（3）信号调教。定时放牧和及时回舍，用固定的口令、牧杆、动作信号训练，培养形成固定的条件反射。

（4）补饲。放牧前不喂料，放牧归来后，视鸭群的进食程度、食欲状况补喂饲料。

5）圈养

（1）圈养场所。鸭舍、运动场、水面面积之比至少1∶2∶3，尽量增加运动场和水面面积。

（2）饲养密度。要按公母、强弱、大小及时分群饲养，以利生长发育均匀。饲养密度为$8\sim14$只/米^2，随着日龄的增加逐渐降低饲养密度。到育成期末为6只/米^2。

（3）限制饲养。通过饲料质量和数量进行限制饲养，宜多喂青、粗饲料，以控制体重。

（4）训练调教。有意识地对鸭子进行调教，培养形成稳定的生活习惯。

6）更换饲料

开产前1个月将后备料过渡为蛋鸭料，并逐渐增加光照。

（四）产蛋鸭的饲养管理

一般蛋鸭利用到72周龄淘汰，或者通过人工强制换羽，再利用第2产蛋年。

1. 产蛋规律

与蛋鸡相比，蛋鸭具有开产早、产蛋高峰到达快、持续期长、连产性强等特点。到 72 周龄淘汰时，产蛋率仍达到 75%左右。

鸭群产蛋集中在 1:00~5:00。

2. 蛋鸭的饲养

1）蛋鸭的饲料

蛋鸭产蛋多、蛋重大，因此营养要求比蛋鸡高，当产蛋率≥70%时，粗蛋白质≥20%；当产蛋率≥80%时，粗蛋白质≥22%。

2）饲喂与放牧

蛋鸭每天喂料 4 次，白天 3 次，夜间 1 次。每天每只约喂料 150 克。

有放牧条件的，可以放牧，适当补料。

3. 产蛋期管理

1）场地

产蛋期实行全程圈养，鸭舍、运动场、水面面积之比至少 1:2:3。鸭滩坡度以 15°左右为宜。地面应保持干燥。

2）密度

圈养密度为 7~8 只/米^2。

3）温度

舍内维持在 5~30 ℃，温度过高过低时应采取人工调控。

4）光照

舍内应通宵弱光照明，光照强度 1~2 瓦/米^2，其中 16~17 小时光照强度应在 2 瓦/米^2 左右，灯泡高度离地 2 米左右。应备有应急灯。

5）喂料

（1）饲喂方式。可采用自由采食或定餐饲喂，定餐饲喂时 1 昼夜饲喂 3~4 次。

（2）饲料。供给蛋鸭专用饲料，不得使用霉变、生虫或被污染的饲料。在调整饲料配方时，应有10天左右的过渡期。

6）饮水

供水充足，水质良好。

7）日常管理程序

日常管理要形成规律，而且不得随意改变。避免强光、惊群等应激，保持蛋鸭稳定的生活规律。营养供应充足，加强多种维生素和矿物质微量元素的补充，维持适宜的体重，及时淘汰不良个体，不得使用副作用大的药物和禁止使用的药物。

8）人工强制换羽

蛋鸭一般养2个产蛋年。换羽停产时，最好进行人工强制换羽。自然换羽：4个月。人工换羽：2个月。

人工换羽方法如下。①当夏季天气炎热，鸭群产蛋率迅速下降时，只喂给粗饲料，连续10~15天后，完全停喂3~4天，只给饮水。这个阶段叫"制毛期"，此期间不下水，晚上只给极弱的光照。②经过"制毛期"后，大羽羽根干枯，拔除大羽时，羽管尖端不带血点和筋肉丝。此时可将翼羽和主尾羽一一拔除。③拔羽后慢慢恢复营养，按蛋鸭饲喂和管理。

（五）蛋用种鸭饲养管理

1. 公鸭

要求公鸭比母鸭大1~2个月，在育成鸭时期公、母鸭应分群饲养。未到配种期的公鸭，尽量少下水活动，以减少公鸭互相嬉戏。配种前20天，放入母鸭群中，此时要多下水，少关饲。

2. 公母配比

公母比例以1：(15~20)为宜，冬季1：20，夏季1：15。

3. 母鸭

饲养管理要求与蛋鸭基本相同。除按饲养标准配制日粮外，可适当增加维生素A、维生素E和青饲料喂量。多放水，少关饲，以增加公鸭配种次数，提高种蛋受精率。

4. 种蛋管理

种蛋要及时收集，收集后要用 0.1% 苯扎溴铵喷雾对种蛋表面进行消毒，贮放在阴凉干燥处，防止昆虫叮咬。种蛋保存温度为 10~15 ℃，相对湿度为 70%~80%。每隔 3~7 天入孵 1 批。

参考文献

陈勇，贾陟，徐卫红，2016. 果树规模生产与病虫害防治[M]. 北京：中国农业科学技术出版社.

蒋锦标，卜庆雁，2011. 果树生产技术[M]. 北京：中国农业大学出版社.

王迪轩，2019. 现代蔬菜栽培技术手册[M]. 北京：化学工业出版社.

王金华，2018. 粮油作物栽培技术[M]. 成都：电子科技大学出版社.

王卫国，2012. 养鸭配套技术手册[M]. 北京：中国农业出版社.

薛立喜，2016. 畜禽养殖技术[M]. 北京：知识产权出版社.

薛全义，2011. 作物生产技术[M]. 北京：化学工业出版社.

张庆茹，2013. 养猪实用技术[M]. 北京：北京理工大学出版社.